INVENTAIRE
32.509

EXPOSITION UNIVERSELLE

DE 1873

VIENNE (AUTRICHE)

RAPPORT

DE M. E. LOUIS BŒUF

DÉLÉGUÉ

Industrie des Fleurs, Feuillages
et Plumes de Paris

PARIS

CHAMBRE DES FLEURS, FEUILLAGES ET PLUMES
Boulevard de Strasbourg, 43

EXPOSITION UNIVERSELLE

DE 1873

A VIENNE (AUTRICHE)

RAPPORT

DE M. E. LOUIS BŒUF

DÉLÉGUÉ

de l'Industrie des Fleurs, Feuillages et Plumes de Paris

PARIS

ASSOCIATION GÉNÉRALE TYPOGRAPHIQUE

RODIÈRE ET Cᵉ

19, Faubourg Saint-Denis, 19

1874

BIBLIOTHÈQUE NATIONALE — R.F.

V 32509

ASSOCIATION GÉNÉRALE TYPOGRAPHIQUE

RODIÈRE ET Cᵉ

19, Faubourg Saint-Denis, 19

EXPOSITION UNIVERSELLE
de 1873

A VIENNE (AUTRICHE)

———❦———

RAPPORT

DE M. E. LOUIS BŒUF

DÉLÉGUÉ

DE L'INDUSTRIE DES FLEURS, FEUILLAGES ET PLUMES DE PARIS

———❦———

MESSIEURS,

Avant d'ouvrir les données du Rapport de l'Industrie des fleurs, feuillages et plumes à l'Exposition universelle de Vienne, je crois devoir, en bonne amitié, remercier sincèrement Messieurs Buisson, Berteaux, Bayeux, Aglibert-Quent, Laurent, Vincent, Gille, Corbier, Quillen et Fillieau; leurs accompagnements à mon départ de Paris m'ont donné une plus grande force pour la lourde tâche que j'allais chercher à accomplir en mettant en mon pouvoir tout ce que la bonne volonté pourrait contenir en moi, et, à côté de ces noms, d'autres, non moins généreux, y ont contribué par des idées peut-être partagées, mais n'en

ont pas moins mis leur ardeur et leur zèle à l'œuvre
que nous poursuivions communément et si les dé-
sirs de chacun n'ont pas répondu à l'attente, c'est
à certains aujourd'hui de comprendre combien
l'indifférence est peu productive au courant du
progrès. Cette malheureuse indifférence a sub-
sisté de toute part, au jour de l'élection, on l'a vu,
chacune de nos branches similaires tenaient ins-
crit sur son bulletin le nom du candidàt de sa partie ; loin d'y voir une fausse idée, on le pressen-
tait à la dernière heure, mais l'insouciance, cette
terre inculte, n'avait rien produit et, au lieu d'un
représentant pour chaque spécialité, il fallut subir
le sort que nos ressources nous permettaient.

Arrivé à Vienne, j'écrivis tout aussitôt et quoti-
diennement à chacun des membres de l'industrie
florale qui m'était le plus connu, afin d'instruire
ceux qui prennent intérêt à la *défense de nos
droits corporatifs, commerciaux* et *industriels*.

La vue de l'Exposition, en son ensemble, offrait
un aspect pénible à voir ; les visiteurs avaient tout
champ libre pour circuler, la foule se pressait peu
dans les galeries paisibles du travail. Le groupe V
auquel les fleurs étaient assimiliées portèrent mon
intention à diriger mes pas vers la partie française,

L'exposition collective des fabricants et marchands de Paris était séduisante et réellement
magnifique,

Cette grande et belle vitrine gracieuse recelait
en elle-même plus de quarante fabrications diverses

et si, dans les détails, l'observateur relate quelques infractions, ainsi que dans les vitrines particulières, il n'en est pas moins acquis un bon vouloir de coopération, qui mérite encouragement, afin de produire, une autre fois, plus beau et mieux fait; l'enseignement réciproque est le même dans cette Exposition et j'ose espérer que dans l'étude réfléchie que je présente aujourd'hui, aucun membre de notre *industrie* ne pourra trouver une expression qui fût déplacée à son égard, au cas contraire, ce serait par mégarde; j'ai mis dans mon travail toute l'impartialité qui doit guider en cette circonstance un principe d'équité auquel la confiance de mes collègues m'ont honoré en m'accordant leurs suffrages auquel je tiens ici à les en remercier publiquement; permettez moi aussi de témoigner ma gratitude à M. LALOUE, qui s'est intéressé généreusement à l'œuvre de la délégation. Dans l'appréciation des articles exposés, tant pour la France que pour les nations étrangères; j'ai pensé d'une manière spéciale à mettre le plus en relief possible les produits de chacun, en exprimant à quelle valeur les types pourraient se classer.

D'un trait plus ou moins saillants, la plume aurait tracé et l'éloge de l'un et la défectuosité de l'autre, sans, pourtant, démontrer d'une manière précise le pourquoi du beau et du médiocre; en exprimant chaque article, l'ouvrier et le patron producteurs qui, eux-mêmes, ont fabriqué ou ont vu produire telle ou telle configuration sont plus à même de se rendre compte, d'une façon équitable, de leurs travaux et de voir si l'article exposé rendait ce qu'ils étaient en droit d'attendre.

La fabrication florale, à l'Exposition de Vienne, était représentée aussi dignement qu'elle pouvait l'être, mais nous voyons, malheureusement trop, une certaine part d'exposants qui, achetant tel genre de côté et d'autre, viennent, sous leurs noms de marchands, exhiber des articles dont ils ne connaissent pas l'idée première; c'est ainsi que des fabricants renommés pour leur confection préfèrent livrer leur savoir faire à des spéculations regrettables, et l'acheteur, au lieu de descendre au sein même du premier marché croit sincèrement que le marchand est le producteur de ces articles, qu'avec tant de pompe, une médaille quelconque couronne son succès immérité.

Certes, le commerce est une ruche, tous les moyens sont favorables; mais j'en reviens à l'acheteur, en faisant ses commandes aux fabriques mêmes : n'aurait-il pas plus d'avantages que de recourir aux intermédiaires de seconde et souvent de troisième main, et c'est là que l'on doit déplorer d'avoir fourni des types parfaits à des marchands qui, lorsque, pour eux-mêmes, semblent avoir fait une concession à leurs clients et que vous, fabricants, vous pouvez à peine céder à tel autre prix; c'est alors que ce bon marchand, excellent négociateur porte vos modèles dans une fabrication inférieure et retrouve ainsi, non pas seulement la concession faite, mais presque un boni; les affaires se suivent, les fabricants sans scrupule de copier leurs confrères en sont chaque jour à ouvrir leurs magasins au rabais, afin de mieux fermer ceux de leurs collègues.

Ces exemples fréquents devraient au moins garder un fonds de courtoisie qu'il est fâcheux de voir si peu exercer dans notre industrie; c'est aux fabricants, trop heureux de n'avoir aucun frais onéreux à redouter, ni aucune appréciation sur leurs produits exposés et vendus au plus vite, afin de jouir du fruit des travaux accomplis dans leurs maisons, c'est cette jouissance trop vive qui est une des premières causes funestes aux intérêts de tous.

Messieurs, j'ai cru dans mon interprétation des articles exposés, mettre sans réflexion aucune ce que le jury international avait trouvé bon de décerner en récompense, l'article d'appréciation démontrera clairement de lui-même si l'exposant avait droit légalement au prix accordé; chacun juge de lui-même, pressentira mieux, si les prix étaient mérités, ou non, je n'en citerai pas moins, ceux qui auront fait un pas progressif plus en avant vers les réformes de fabrication si nécessaires à l'art du beau, soit commercial ou artistique.

Parmi les différentes nations entre autre à Vienne, à Munich, en Saxe, les exposants se sont groupés collectivement d'un genre de collectivité auquel chaque collectif se trouve avoir sa vitrine séparée, ce qui donnerait à dire qu'il n'y a que la construction des montres qui est collective.

Les fleurs, feuillages et plumes collectives de Paris sont placés suivant le goût, les articles de chacun sont mêlés avec grâce entre celui qui lui est favorable, ce qui gagne en harmonie a donné quelques difficultés pour retrouver les produits de chaque maison ; c'est à Mlle CHEVALIER, représentante à l'Exposition, à qui je dois la nomenclature des types de telle ou telle fabrication, à laquelle j'ose exprimer tous mes remerciements ; et, sauf deux ou trois maisons, j'ai pu apprécier la totalité des modèles. Une vitrine particulière m'a échappé et c'est à regret, c'est celle de la maison GOGLY.

Parti de Paris sans aucun renseignement de la part des exposants, cela devait être inévitable, quoique j'ai fait tout ce qui dépendait de moi pour oublier le moins possible, vis-à-vis des autres nations le système de classement adopté par la *Commission Autrichienne* étant peu favorable (1) j'ai dû également passer quelques noms, entre autre l'Exposition du Prince de Monaco où il y avait des fleurs exposées.

L'on comprendra bien certaines péripéties qu'of-

---

(1) Pour l'étude et éviter des recherches, je crois qu'il eut été préférable de classer les Nationalités d'une même industrie dans un seul et même rayon au lieu d'avoir à recourir pour une simple appréciation à une perte de temps d'une demi-heure et plus, pour complaire au rapprochement de comparaison que l'on jugeait efficace entre la fabrication d'un pays à un autre.

frait une délégation ne relevant que d'elle-même sans le secours d'aucun appui que la force morale qui élève l'esprit en même temps qu'elle seconde le but à poursuivre, si cette force est nécessaire au faite des grandes actions, elle était urgente en pays étranger où ignorant entièrement la langue et vu l'insuffisance de temps (10 jours), il fallait vaincre les obstacles en offrant en sacrifice toutes les démarches voulues et utiles pour amener à bonne fin une solution, et si tous mes efforts aboutissent à produire un résultat fructueux pour l'avenir, je n'aurai rien moins cherché que la grandeur de notre *Industrie* et le bien être général.

Etat rétrospectif des Fleurs, Feuillages et Plumes.

Le temps et les choses ont toujours eu pour base de faire progresser le mouvement qui suit son cours dans la marche des siècles, en poussant l'innovateur à chercher mieux qu'il n'a fait, souvent fait-il plus mal, mais il acquiert toujours une idée nouvelle du sens nouveau qu'il croyait perfectionner et le développement progressif se succédant, on arrive à ne plus reconnaitre que ce que l'on à sous les yeux, ce n'est qu'après bien des années de travaux et de patience résolue que cer-

1*

taines branches d'industrie sont arrivées à se créer et à posséder le haut rang qu'elles occupent dans le monde entier, c'est à travers cette marche des temps que notre industrie florale a progressé et l'historique trop sommaire que j'expose en est la preuve évidente.

Historique

L'usage de porter des fleurs, feuillages artificiels remonte à une époque lointaine, Pline nous apprend qu'au milieu du quatrième siècle avant l'ère vulgaire, la mode des fleurs aurait été importée d'Egypte en Grèce; des Egyptiens et des Grecs, l'amour des fleurs passa aux Romains, et les femmes de l'ancienne Rome, allaient chercher jusque dans l'Inde la matière et le parfum ; les Gaulois aux jours de bataille, ne portaient pour tout casque qu'une couronne.

En Orient, les fleurs servaient à rendre l'expression de telle ou telle pensée. En Asie les Selams, ou bouquets de fleurs symboliques, apportaient de doux messages d'espérances et souvent les regrets étaient tracés dans une variété de fleurs que l'on composait. Les anciens Indous avaient aussi une ferme croyance des plantes et des fleurs auxquelles ils attribuaient une vertu secrète.

Les Incas avaient un grand amour des fleurs, ils substituaient à leurs fleurs naturelles une fois fanées, des fleurs et feuillages artificiels d'or et d'argent. Le christianisme en parait les autels et les tombeaux ; les fleurs à cette époque rappelaient au respect. Au troisième siècle les Chinois faisaient des fleurs avec les fibres du Bambou. Au moyen âge les tresses de fleurs étaient très-répandues, aussi existait-il une corporation qui portait le nom de chapelières de fleurs, les couronnes ou montures s'appelaient chapels, vers le XIV⁰ et XV⁰ Siècle les Italiens confectionnaient des fleurs avec les cocons du ver à soie, des rubans de diverses couleurs et des plumes qu'ils frisaient ou pliaient sur des fils de laiton, et ce sont eux qui les premiers en Europe ont introduit ce genre de fabrication. A Paris il s'en fabriquait quelque peu, mais celle d'Italie était à meilleur compte, la Chine en fournissait aussi, mais elles étaient trop fragiles pour l'usage des parures.

Les fleuristes de Paris employaient à leur fabrication, des étoffes grossières, des rubans de toutes sortes, du papier doré ou colorié, on les appelaient à cette époque : marchands de fausses fleurs, Rubaniers ou Bouquetiers artificiels.

En 1738 un nommé Séguin, natif de Mende en Gévaudan, mit ses connaissances de chimie et de botanique à l'imitation des fleurs artificielles, qui ne le cédaient pas en beauté et en perfection à celles d'Italie ; il est le premier qui donna à ce genre de fabrication une ressemblance digne de la nature, il éleva son art, qui lui était particulier alors, jusqu'aux dernières limites, Séguin à l'instar des Italiens découpait au ciseau les organes qui composent les fleurs. Après lui un Suisse, dont on ignore le nom, substitua l'idée de l'emporte-pièce aux découpages des feuilles et des pétales, applicable sur un billot de bois ; peu à peu on fit usage du gaufroir gravé et de sa cuvette. Dès lors la fabrication des fleurs artificielles semblait sortir du cercle restreint qu'avait imaginé les prédécesseurs de notre industrie.

Vers 1770, Joseph Wenzel aida par son talent et la notoriété qu'il sut acquérir à accroître sur notre industrie une influence heureuse, il fit naitre à son époque un véritable étonnement d'admiration tel, que Wenzel eut une vogue justement méritée.

Au commencement de ce siècle les fleurs naturelles étaient d'un prix si élevé, que les fleuristes y gagnèrent dans leur fabrication, et les fabricants tels que Jourdan, Batton, Natier, Mme Roux, Mme Prévost eurent un certain succès en amenant avec eux un progrès dans l'art d'imiter.

Les fleurs artificielles à cette époque étaient encore fort chères, et ce n'est que de 1820 à 1830 que la fabrication prit un nouvel essor. Les fabricants se divisèrent en spécialités et obtinrent de cette façon des produits mieux façonnés et d'un prix plus modique, en 1830 les fleurs de velours, de chenille, les feuillages de taffetas et l'article clinquant ouvrit à ce commerce des débouchés plus étendus ; en 1840, on comptait à

Paris 143 fabricants de fleurs et 16 marchands d'apprêts.

Les évènements de 1848 amenèrent l'emploi des fleurs et feuillages artificiels pour les fêtes publiques et créa un genre de fabrication qui fit ouvrir des maisons spéciales pour cet usage.

En 1850 le véritable état progressif se fit sentir et à partir de cette époque jusqu'à nos jours, la fabrication s'est accrue considérablement et notre industrie, classée parmi celles des articles de Paris, est une des professions dont l'art est renommé.

L'art du plumassier jouit également d'une notoriété incontestable qui chaque jour se révèle, et l'extension de cette branche similaire attachée jusqu'à ce jour à l'industrie florale est des plus marquante, le plumage des oiseaux fut de tout temps employé à la parure, chez tous les peuples de l'ancien et du nouveau monde ; cet usage était un signe de distinction, des dépouilles d'oiseaux, les sauvages en firent leurs premières parures et les chefs en s'attribuant les plus belles, exprimaient un pouvoir supérieur, dans tous les pays cette coutume s'est perpétuée de siècle en siècle en apportant son progrès successif et en modifiant le caractère des goûts, suivant les mœurs, dans la disposition des formes. Les guerriers d'autrefois, pour ombrager leurs visages, portaient sur leurs casques des panaches de plumes, les courtisans plaçaient des plumes sur leurs bonnets et les dames sur leurs coiffures, ces genres de bouquets se mettaient à un des côtés de la tête, audessus de l'oreille, ils étaient relevés par des aigrettes de Héron, peu après les grandes plumes d'Autruche, au nombre d'une seule, ont servi à faire un plumet dont on couvrait le bord du chapeau, cette plume prit la place des bonnets de plumes, qui étaient un assemblage de diverses plumes d'Autruche élevées à plusieurs rangs autour du chapeau ; c'était aussi la parure des rois, des princes du sang et ducs, dans les grandes cérémonies ; les dais et les bannières, aux jours de magnificences, en était agrémentés, plus tard on orna les toques des grands et enfin sous les règnes de François Ier, Henri II, Henri III, les plumes furent d'une mode constanté, et les maîtres Plumassiers qu'on appelait panachers bouquetiers, n'ont été érigé en communauté et en corps de jurande que sous le règne de Henri IV, leurs lettres d'érection et leurs statuts sont du mois de Juillet 1599, confirmés par Louis XIII en 1612, et par Louis XIV en 1644.

En 1691, on leur donna de nouveaux statuts modifiants peu les premiers réglements, les maitres plumassiers de Paris étaient fixés au nombre de vingt à vingt-cinq et eux seuls avaient la faculté de faire tout ouvrage de plumes, et de quelques oiseaux que ce puisse être. Il leur était néanmoins défendus de mêler aucune plume de Héron faux, parmi celles de Héron fin, et de plume de Vautour, de Héron, d'Oie avec celle d'Autruche, si ce n'était que dans les ouvrages de ballet et de mascarades. Après les régnes de Louis XV et de Louis XVI les privilèges de toutes sortes tombèrent dans le domaine public et la mode de porter des plumes de tout genre devint accessible à tous, libre coùrs fut donné aux fantaisistes de mêler telles plumes qu'ils leur semblerait convenable avec telle autre.

Depuis ces époques lointaines, le progrès s'est toujours signalé d'une manière fructueuse pour notre industrie ; nous pensons croire que nos productions exposées à Vienne, sauront encore garder et élever notre rang dans le monde industriel et artistique, les articles dont la nomenclature suit, viennent en attester le brillant témoignage contre la concurrence étrangère.

FRANCE

Exposition collective des fleurs, feuillages et plumes des fabricants et marchands de Paris.

GROUPE V (1)

Appréciation des articles exposés

La maison S. ALBERTI expose en collectivité quelques raisins suffisamment bien faits, les blancs sont meilleurs de naturel; les sorbiers ont tout les avantages de la nature par leur véritable conformation et leur teinte réelle si bien exprimée.

MM. AUCAMUS frères, exposent collectivement des lierres panachés montés en branches grimpantes qui servent d'entourage à la vitrine, ces lierres par leur monture ont assez de grâce, les tons naturels et le panaché sont de fabrication courante.

---

(1) Le produit de même matière était classé dans chaque section de pays sous la dénommination d'un numéro d'ordre de groupe :
Le groupe V comprend toute les matières textiles.

La maison T. BICQUÉ et E. DUPRESSOIR, ont exposé collectivement une remarquable fantaisie d'un travail et d'une patience minutieuse représentant un coussin totalement recouvert de plumes à sa surface : les duvets de colibris placés avec soin servent à tracer en relief les dessins d'ornements; le Martin-pêcheur tient lieu d'étoffe de fond et resplendit d'éclat par l'effet de ces beaux bleus naturels ; les colibris aux reflets changeants et soyeux sont admirables. Ce travail d'application, comme fantaisie, est le plus beau que nous ayons vu et mérite des éloges qui se justifient par un bon goût exceptionnel ; quelques autres articles sont aussi des plus favorables. Nous mentionnons une plume torsade bleue et jaune, remarquable par ses nuances du meilleur ton.

La maison BOURGEON RICHEZ expose à la vitrine collective une plante assez remarquable par son naturel. Cette anthurine découpée sur un fond vert nature y est travaillée avec mérite, des quarts de brosse plus foncés donnent au gauffré de la feuille un saillant, les filets déblanchis sont exécutés avec grâce et légèreté ce qui éclaire la feuille dans ses nervures, quelques pourris finissent cette plante et lui donnent le dernier aspect naturel.

Madame V° CAILLAUX, qui dans la fabrication des fleurs d'oranger excelle en tout point le rapprochement de la nature, a exposé un petit pied de myrte, dont les petites fleurs et les feuillages ont une expression naturelle des mieux réussie, plus une liasse de marguerites blanc rosée, de petites paquerettes de gazon, et en outre ce qui est digne de remarque, c'est un chèvrefeuille blanc qui laisse à l'appréciation un sentiment vif de la nature. Toutes ces fleurs ci-dessus sont exposées en collectivité.

La maison CHARPENAY-LAVEAUX expose en collectivité un bouquet dont quelques types sont suffisamment naturels, ou y remarque des roses saumon, un bouton thé et quelques branches de lilas, à cela se mêle sans doute quelques essais peu fructueux d'un camélia cerise carmin ciré et féculé dont les membranes s'ébrèchent par écaille, ensuite se joint un iris violet ciré et féculé des plus nul comme exécution.

La maison E. COLLIN a exposé dans la vitrine collective un bouquet fleurs des champs auquel la bonne confection manque un peu faute de soin. Ainsi on y voit un coquelicot en taffetas qui aurait gagné s'il n'eut été soumis à l'application du carmin frotté, un bluet dont le nuançage marbré indique le mauvais apprêt de l'étoffe, le bouton d'or paraîtrait mieux ainsi que les épis et les pissenlits qui sont meilleurs de fabrication. Nous voyons aussi quelques narcisses d'étoffe féculés et reliés en paquet et dont il nous faut dire un mot, l'ensemble en paraît naturel, mais les détails font preuve du contraire ; est-ce manque d'habitude de ciré ou de la composition du bain de cire que les boutons de narcisses ont sur la tête une trop grande affluence et qui donne une épaisseur assez sensible, pour terminer ces fleurs dans leur représentation naturelle, il eut mieux valu pour les boquilles employer la baudruche au lieu de gaze qui laisse à sa transparence apercevoir le fond de l'étoffe.

Plus heureuse la maison Collin se retrouve en présence de deux bouquets petits boutons de roses en mousseline et taffetas de nuances jouant assez le naturel, comme groseille rosée et maïs, quelques feuillages complètent ces bouquets et comptent en compensation des quelques articles moins réussis.

La Maison Th. Coqueugniot, comme feuillages collectifs montre à l'attention une maranta des plus soignées ; cette plante, comme imitation, a un mérite frappant comme nature, les tons intermédiaires de chaque grandeur y sont bien ponctués, les quarts de brosse qui se transforment en échelle répondent au plus haut point à l'excellence de ce travail, le velouté qui est le dernier apprêt de la nature est des mieux réussi ; deux pieds de bégonias y sont aussi remarquables ; un pied de caoutchouc moins bien conçu comme exécution naturelle y est cependant digne d'attention.

Madame veuve Coudereau, sans articles connus

La maison DIRINGER expose en collectivité un bel arborèum auquel quelques fleurs blanc violacé surmontent en touffe le sommet de quelques branches dont le feuillage est rendu avec beaucoup d'idée et d'expression naturelle, le graveur a dû exceller dans la reproduction de ses gaufroirs ; les nervures sont accentuées, quoique douces, les tons de feuilles répondent en tout à la réalité de la nature et cet arbuste est des plus méritants ; non loin, sont exposés des pivoines d'une bonne grosseur, de différentes nuances, le cerise fond brun manque de vivacité et les tons naturels, d'ordinaire violacés, ont été négligés ; les pivoines sont très-onéreuses comme confection et elles auraient gagné si elles avaient été fabriquées en taffetas et les couleurs y auraient mieux répondu.

Une bourriche de pensées dont les dos en velours et les devants en satin coton et qui par son ensemble exprime une certaine vitalité, les pensées sont travaillées avec goût, les devants y sont rayés et gaufrés avec légèreté ; quelques-unes sont panachées avec faiblesse dans le fond, pourtant, je les préfère à celles qui sont avec appliques, ce qui donne un cachet médiocre, en évitant un travail de relief qui doit appartenir au pinceau. Dans ces pensées, le panaché fait défaut, leur ensemble n'est que commercial et le côte artistique y est tout-à-fait délaissé, les feuillages manquent de naturel dans les tons ; somme toute, l'aspect en est vivant et de bon effet.

La maison DUCHESNE expose en collectivité un gentil panier semé de camélias en papyrus et surmonté d'une rose thé jaune effeuillé en mousseline du meilleur effet comme façon, la nuance est sans doute un peu foncée, ainsi le fond jaune y est trop senti et neutralise la teinte rosée du milieu des pétales.

Parlons des camélias en papyrus ou encore le thé fait un peu faute d'expression réelle ; suivent des tons blancs et roses ; un des camélias le plus remarquable est celui au fond cerise panaché carmin qui, pourtant paraît manquer de légèreté, ce même est doublé de deux épaisseurs de papyrus ; il nous reste, comme fleur un dernier camélia cerise duquel le travail vis-à-vis de l'étoffe est des plus façonnés, malheureusement l'effet qué produit la boule sur le papyrus est des plus défectueux, aussitôt que la pression du gaufré existe à l'outil, le papyrus perd son velouté et prend, en partie, l'aspect du simple papier ; malgré cela, il n'en est pas moins à constater la bonne exécution et la fraîcheur des nuances. Pour terminer, quelques lierres panachés et une plante grasse tombante sont des plus naturels, ainsi qu'un palmier en herbe dont l'ensemble est des plus favorables.

La maison A. FAVIER a eu l'heureuse idée de montrer dans l'ensemble collectif quelques travaux sortant du genre connu, une longue grappe thé rosé appelée médinilla, dont les boules tombantes reliées intermédiairement sont maintenues par le pied sous quelques grandes pétales dont la gaufrure et la fraîcheur du coloris semblent naturelles. Non loin, il nous faut apprécier le beau travail de feuilles exécuté avec une réalité et un sens qui exprime la copie à un haut degré de perfection, cette plante opuntia est parfaite d'exécution, deux pots de fougère sont dignes d'attention, ainsi qu'un palmier qui malhenreusement n'est pas représenté dans une grandeur suffisante.

La maison Favier a eu le rare mérite d'exposer de nouveaux produits auxquels chaque exposant aurait dû s'initier.

La maison FILLION-TOUZELIN, sans articles connus.

La maison FOURNIER, comme plumes, expose des articles de bon goût en fantaisie, tel qu'un papillon et un croissant en colibri d'un travail extrêmement soigné; comme teinture, nous voyons une plume d'autruche tordue, en nuance bronzé du meilleur effet qui entre à juste titre comme une bonne part dans la collectivité.

La maison H. FRANTZEN a dans la collectivité une grande part de succès, dont le mérite est l'impression saisissante d'un beau bouquet relevant l'idéal du naturel et dont la simplicité est tout l'avantage; quelques camélias blanc rosé faits en papyrus sont entourés gracieusement de plusieurs tours de violettes de

Parme d'un beau mauve. Un bouquet de roses de Malmaison y est aussi admirable, tant pour sa nuance thé rosé naturelle que pour la bonne confection; les tiges de rose sont très-appréciables. comme tons naturels ; quelques branches de lilas blanc ciré revendiquent leur part et c'est à juste titre que nous les mentionnons.

Toutes ces fleurs fort simples sont d'un véritable goût exquis.

La maison Ch. GILLETTE a exprimé un goût de finesse poussé jusqu'à la perfection, ses plumes collectives y sont travaillées avec élégance et, vraiment il faut être plumassier, tant l'imitation a de merveilleuses qualités; les articles imités sont à s'y méprendre avec le naturel, en admirant le panache rose faux marabout ainsi qu'nn panache blanc et plusieurs autres sujets qui sont tous des mieux réussis par leur souplesse et leur action de teinture.

La maison GUYOT et MIGNAUX expose en collectivité une parure faite de mouches auquel chacunes des ailes brillantes sont posées sur un gros tulle apprêté; ce canevas est le dessin sur lequel les mouches se reposent et en font une parure des plus séduisantes, un papillon du même goût semble vouloir reprendre son rang dans l'espace, il y paraît si gracieux tant pour sa forme légère que pour l'éclat de ses reflets veloutés.

Une corbeille garnie de fleurs en plumes y

montrent leur duvet soyeux et leur reproduction comme fantaisie est très-justifiable de beauté, des primevères des feuilles de géranium, des fuschias, une feuille de bégonia, jusqu'au myosotis, tout y est admirable.

La maison DAVID HEYNÉMANN expose un magnolia en cire, cet arbuste est vraiment bien interprêté, les détails si fins de la nature y sont reproduits avec aisance, la fleur dont la défloraison est tracée par la teinte rousse des pétales semble bien indiquer son déclin, les feuillages demi transparents sont d'une teinte naturelle parfaite ; nous regrettons d'ignorer le mom de l'artiste, qui mérite des éloges pour cette reproduction.

La maison HIÈLARD et Cᵉ est représenté à la vitrine collective par un bouquet de lilas blanc d'une excellente exécution.

Comme plumes, le travail est plus sérieux et mérite une appréciation de vrai connaisseur. J'y ai remarqué un saule en autruche blanc d'une grande souplesse, plusieurs panaches d'autruche, une magnifique plume tordue et déchirée au sommet, une belle plume d'autruche roulée en torsade avec une tête d'oiseau à la base, est aussi splendide, les nuances qui y sont appliquées sont du meilleur effet.

La maison HUMBERT expose à la vitrine collective une garniture de roses thé pour robes suffisamment bien faite, un rosier cerise carminé auquel la défectuosité est complète comme façon et coloris, le carmin, nuance si sensible, a, sans doute, péché par sa mauvaise application, sa couleur noirâtre lui retire tout l'éclat que peut-être ces roses eussent gagné.

La maison JAVEY et Cie a par son exposition collective élevé l'art du feuillagiste à un si haut point de perfection, qui fait honneur à l'artiste ouvrier qui s'est révélé d'une manière aussi véridique à l'égard de la nature. Ces deux pieds de caoutchouc sont interprétés savamment, ces mille détails que le naturel suscite y sont appliqués avec talent et rien ne laisse à désirer dans cette belle production qui est et qui sera le grand mérite de l'exposition de 1873 ; à cela se joignent des articles véritablement bien conçus, tels que deux pieds de bruyères, des plantes de mahonia, des coleus admirables de formes et de tons naturels, des feuilles de maranta sont aussi très appréciables, étant pourtant d'un naturel restreint.

La maison Javey, comme fleurs, n'est représentée que par quelques pieds de Jacinthe qui laissent fort à désirer, tant pour les nuances et la confections, si l'on ne connaissait la maison que pour la fabrication des feuillages.

La maison JOUVE DELORME a exposé à la vitrine collective de remarquables traveaux en fleurs de plumes, un bouquet de fleurs des champs, auquel le goût champêtre se mêle avec harmonie, des marguerites, coquelicots, boutons d'or et bluets, ainsi que des épis d'un vert tendre, des pissenlits, dont le zéphir aurait lieu de ravir la légèreté, quelques fleurs d'avoines aux graines naturelles, suspendues, finissent ce joli bouquet plein de charme, qui inspire une poésie naturelle; toutes ces fleurs sont rendues avec art dans toute leur simplicité.

La maison LAFONTAINE se fait remarquer à la vitrine collective par un sentiment particulier, une plante naturelle, même une erreur de la nature, peut être encore admirable, mais emprunter une copie d'un sens difforme et la reproduire en artificiel, cela n'est pas toujours permis, la règle du goût croit devoir s'en désaisir; ainsi il nous est donné de voir un cep de vigne ayant pour conception de reproduire le pied d'un rosier auquel quelques roses ont bien voulu éclore sur la greffe de Noé, les roses mêmes sont mal confectionnées et la nuance y est sans éclat; je m'étonne et c'est à regret, mais il faut-être impartial, pourquoi ce pied d'une pareille grosseur? cette reproduction est des plus fâcheuse, nous pensons que cet article est le plus médiocre de la maison Lafontaine.

La maison LEBRUN et Cᵉ, comme plumes, expose collectivement divers articles des plus dignes d'attention ; nous voyons plusieurs plumes d'autruches ombrées des meilleures teintes en bleu mode que nous avons vus ; trois tons se succèdent avec un fondu des plus réussi, peut-être la teinte la plus élevée serait sans doute un peu trop corsée et la trop grande concentration colorante lui donne un peu, mais très-peu, un ton d'aspect cuivré. Une autre plume d'autruche mélangée de tons marrons, ayant les côtés de barbe en ophélia et quelques réserves en blanc au milieu sont excellents comme ensemble, les nuances y sont très-bien appliquées. Nous voyons aussi un sujet des plus coquet, très appréciable, un type de robe poult de soie, d'un beau bleu tendre, garnie de plumes blanches admirablement posées et tout en suivant les contours, les effilés naturels de marabout, d'autruche déchiré, se suivent de la taille au devant du corsage et s'enroulent gracieusement autour de l'encolure, les épaules et le pouf, ainsi que les rangées de volants qui serpentent sur le devant et le derrière de la jupe en sont entourés de toutes parts, et offrent aux regards des dames, un appas séduisant de coquetterie, ces plumes sont d'une blancheur divine et admirablement travaillées ; comme teinture une grande plume de marabout quadrillé présente quelques difficultés, cette plume sans autre travail que celui de l'application des couleurs est remarquable, les nuances s'y succèdent en long, dérivant toutes d'un même composé, se dégradant en tons différents l'une sur l'autre; la trempe de la plume est ainsi, partant d'un côté pour rejoindre l'autre, le premier côté a les bords rouge capucine, la nuance jaune foncée la suit et le jaune pâle se fixe au milieu de la plume en plein sur la côte et s'avance d'un quart sur l'autre côté, un ton vert prend naissance et le bleu arrive aux trois quarts et enfin le violet termine complètement cette plume sixticolore, la combinaison des nuances est facile pour quiconque pratique le mélange des couleurs, tout un côté et même la moitié de l'autre côté de la plume ont été teints en jaune demi-foncé et sur l'un le rouge arrivant devait produire un ton capucine, auquel un jaune plus corsé devait tourner le rouge et qui s'avançant donnerait un ton de jaune plus foncé, sur le fond jaune clair, en prenant de l'autre côté un ton bleu qui a été tracé d'un trait en le fondant légèrement sur le jaune, ce qui produirait le ton vert, le ton bleu qui suit reste intact et seulement la dernière teinte du bord a été passée légèrement au rouge qui passant sur le bleu devait produire violet, ces mélanges sont excellents, seulement je dois dire qu'ils manquent un peu de fraîcheur dans chaque coloris se fondant l'un sur l'autre, pourtant c'est le seul effort de teinture que nous voyons parmi les plumassiers et nous en tenons compte en félicitant l'habile ouvrier dans ses applications colorantes.

1***

La maison LECUYER, sans articles connus.

La maison LEMIÈRE TRIBOUT, expose en collectivité deux bouquets dont l'un de bluets et l'autre de chrysanthèmes ; les bluets sont on ne peut plus naturels tant pour la coloration que pour la bonne confection des fleurs, les chrysanthèmes y sont admirables, une légère teinte rosée les relève dignement et elles semblent nouvellement cueillies ; ces fleurs sont d'une inspiration parfaite.

La maison CAMILLE MARCHAIS, expose en collectivité un bouquet, dont l'ensemble composé de boutons de roses, de pensées, de myosotis, de Lis et de chèvrefeuilles, dont les yeux ont droit de s'étonner du peu de soin qui existe dans la formation du bouquet, seul dans ce bouquet le chèvrefeuille attire une marque d'attention, et si je puis être sévère à l'égard de l'exposant, c'est que le goût, la confection et la bonne tenue des nuances y sont tout-à-fait oubliés ; l'observateur voit un contraste flagrant en tenant en comparaison ce travail avec celui qui est exposé dans la vitrine personnelle. Les feuillages se joignant à ces fleurs sont supérieurs en tout, l'idée naturelle est mieux représentée.

La maison MARIENVAL-FLAMET et Cᵒ, expose collectivement quelques coiffures de bal, dont le goût est des plus heureux, une parure de passiflor carmin, resplendissente d'éclats, la monture est exquise ainsi que les feuillages, une coiffure de roses bengale semée de lilas blanc, jouit également d'un beau mérite, les feuilles qui s'y mêlent sont attachées avec grâce et se recommandent par leurs tons naturels.

A part ces quelques montures, nous voyons un diadême d'autruche blanche déchirée, ainsi que plusieurs panaches d'un blanc pur de neige et frisée avec élégance; une plume d'autruche blanche, moitié frisée et déchirée, exprime une certaine délicatesse dans le travail; quelques fantaisies en colibris et en mouches soyeuses jettent un bel éclat sur ces articles. Une plume d'autruche teinte en bleu des plus tendres comme coloris et fraîcheur, un écran en plumes des plus coquets, quelques teintes fâcheuses en autruche mousse manquent de vivacité; le tout enfin est justifiable de mérite.

La maison MAT expose en collectivité un grand et beau begonia argenté d'une certaine valeur, quoique le plaqué argent soit un peu trop correct : cette plante aspire à une vigueur naturelle des mieux conçues. Un cactus en fleurs est des plus exacts comme reproduction : cette plante grasse est parfaite d'imitation; la tige est d'un beau vert naturel; la fleur de taffetas ponceau uni est d'un effet très-méritant.

La maison MAUPOIS expose à la vitrine collective une coîffure de glycine mauve et une parure de passiflor blanc. Ces deux montures rivalisent de gracieuseté ; les fleurs sont d'une bonne confection naturelle et les feuillages s'y joignent avec goût.

La maison MERMIER et PHILSIDOR a fourni à l'Exposition collective un travail que l'on pourrait mathématiquement appeler de précision. Ces plantes sont d'une exécution de patience auquel le talent seul peut parfaire la difficulté : ses deux pieds de fougères dentelées sont montés avec art, et la confrontation serait séduisante avec la nature. D'autres plantes, le Polystichum et le Lastrea Villosa, partagent ce même sentiment : le découpage si difficultueux est net, les tons sont expressifs de naturel, et l'accouplement parallèle des feuilles en font des tiges admirables et donnent le fini qui convient à ces productions vivantes.

La maison ALFRED NODOT expose en collectivité une garniture de robe mêlée de roses assorties et de fleurs des champs ; ces fleurs et feuillages sympathisent de bon goût dans la monture. Une autre monture de roses non moins bien réussie fait faute par la teinte groseille des roses ; quelques taches marbrées ont un effet regrettable.

La maison PARENT NATTIER expose à la vitrine collective un panier garni de roses en taffetas et en mousseline. Quelques-unes sont remarquables par leur confection, d'autres pêchent un peu dans la coloration; celles trempées au rose végétal manquent de vigueur; en cela, il faut les effacer. Les tons roses rosés naturels, entre autres les deux roses thé saumon, sont excellentes de teinture; les roses frottées au murexide sont d'un beau velouté; la branche grimpante de jasmin de Virginie est des meilleures comme ensemble naturel, la nuance peut être moins bien réussie, le capucine carminé n'est pas franc et manque totalement d'éclat, les feuillages n'ont rien à signaler; une couronne impériale mieux de forme et de nature que de nuance; cette couleur difficultueuse n'est pas suffisamment dans le sens propre du naturel et laisse à redire; les feuillages sont mieux d'exécution; une coiffure de lis blanc en satin coton est d'un genre ordinaire, les fleurs de lis eussent gagné si les graines surmontant les tubes du cœur avaient été faites en velours au lieu de pâte; le velours reflète un ton soyeux qui est plus doux à l'œil et plus naturel, quelques orchidées ont une expression des plus sensibles comme naturel; la confection en est bien raisonnée et la teinte rosée violacée est très-expressive, les articles de la maison Parent-Nattier ont quelques erreurs dans le détail, mais il faut le reconnaître l'ensemble est plutôt favorable.

La maison DUCROCQ-PARIS expose en collectivité

un assortiment de dahlias dont il est regrettable
de mentionner la médiocrité, si ces fleurs eussent
été bien faites et bien colorées, elles auraient dû
l'emporter sur toutes celles exposées; j'ignore si
ces dahlias ont été pris sur nature, mais la copie
artificielle est des plus surnaturelle, dans la forme,
c'est en vain que l'on cherche une expression de
fleurs, tant les pétales se trouvent en confusion les
une contre les autres, il eut été préférable de faire
des dahlias cerclés et roulés que de fabriquer une
ambiguité aussi défavorable, les nuances si variées
dans cette fleur se comptent à l'infini et la trans-
position même de l'idéal des couleurs, lorsqu'elle
est comprise, choque rarement ces fleurs qui aspi-
rent à toutes les conceptions de teinture possible.
Les dahlias blancs panachés, mauves et violets, les
tons naturels lie de vin, aux bords violacés, le rose
au fond, la nuance capucine retachée carmin, et
le fond brun, le thé et le jaune panachés brun
laissent à regret une grande déception par le
manque de vivacité et d'intercallation dans la
soumission des couleurs; le panaché est rudoyant
et lourd et ne développe aucun avantage qui devrait exister par la finesse expressive que donne
le pinceau, après ces fâcheux articles, il est donné
d'apprécier plus hautement un bouquet de sainfoin
qui rachète en partie par son naturel une meilleure
idée de fabrication de la maison Ducrocq-Paris.

Mademoiselle H. PETIEAU expose à la vitrine

collective un parterre de pensées faites de différentes étoffes tels que taffetas, satin coton, mousseline et papyrus, ces pensées sont dignes d'étude,
il est sans contredit plus facile d'apprécier que de
produire. C'est avec l'appréciation que je pourrais
relever quelques infractions, l'aspect que l'on
éprouve devant ces pensées ont un sens naturel,
mais, lorsque l'attention s'y pénètre, on remarque
que ces teintes naturelles sont un pêle-mêle de
couleurs supperposées sans conditions les unes sur
les autres et qui plus est, ont encore un ensemble
de naturel; ces nuances ont été puisées sur nature,
le travail qui les couvre est trop abondant et
nuit à l'observation; pourtant je préfère ces fleurs
aux pensées de la maison Diringer, quoique beaucoup plus défectueuses. Il y a eu un principe d'élévation non réussie, il est vrai ; mais le côté saillant
penchait vers un travail assez difficultueux, les
couleurs employées étant pâteuses devaient donner
un air de plâtrage de mauvais effet, pourtant j'ap-
précie la variété de couleurs qui s'y étalent, la
confection des fleurs est peu sensible, car c'est à
peine si la pensée est gauffrée, et nous retrouvons
malgré cela dans celles en papyrus, toujours cette
ressemblance de papier lorsque la fleur est gauffrée
et le velouté soyeux totalement disparu, le taffetas ;
le satin coton et la mousseline répondent mieux au
travail de ce genre, nous engageons la maison Petiau
à se perfectionner, elle produira avec talent cette
fleur si riche de couleurs et si estimée de tous.

La maison Ch. PETIT expose collectivement deux coiffures, l'une de roses des meilleures comme monture, les roses sont de bonne fabrication et les teintes des plus fraîches ; l'autre est une parure goutte de sang d'un carmin éclatant, la fleur est de bonne copie et grâcieuse dans l'ensemble, les feuillages sont aussi d'un bon naturel et donnent un cachet d'élégance des plus élevés.

Mademoiselle PITRAT a par sa collectivité fait preuve d'un véritable talent d'artiste; ces fleurs impriment en partie l'extase que la nature offre aux aspirations délicates, et c'est avec succès que cette impression est rendue. Nous nous plaisons à contempler son magnifique bouquet assorti de roses rose demi fleuries d'une conformation séduisante, les pétales doublés et rayés font bon effet, la nuance est très expressive et d'une grande fraîcheur, les branches de lilas blanc ciré sont splendides, les gardenias blanc excellent de confection, le petit muguet, les branches de bruyères sont délicieuses d'ensemble, les violettes superbes de façon ont vraiment un ton naturel recherché, les camélias aïtonia en papyrus sont admirables, la teinte cerise est éclatante et les membranes carmin sont panachées avec légèreté, les quelques feuillages joignant le bouquet ont la même vérité de naturel que les fleurs.

Il nous faut aussi mentionnner la bonne interprétation des glycines violettes de l'orchidée rosé

violacée, à ce modèle nous regrettons l'applique
en velours et nous aurions désiré voir un type
d'orchidée plus moderne, à notre connaissance le
Cattleya dowiana, le Pleurothallis et le Cypripédium,
toutes de familles d'orchidées, auraient fournis une
étude studieuse et un travail réel, les panachés
et les traits qui émaillent le Cattleya auraient
donné une idée de fleurs vraiment artistique,
malgré cette lacune, l'orchidée est des plus sincè-
re comme nature; nous estimons aussi les clématis
et la parure de passiflor blanc qui réuni la grâce
par sa monture et son expression naturelle de
fleur.

Le jury a décerné à la maison Pitrat une médaille de mérite.

La maison Pizan, expose en collectivité un
arbuste plein de vigueur, cette reine des prés aux
fleurs mignonettes est d'un joli travail auquel
l'intérêt s'y porte tant on croirait fixer une image
de la nature. Nous regrettons que la maison
Pizan n'ait exposé que cet article; du reste, il est
assez méritant pour que nous tenions en compte
une faveur très louable de ces charmantes petites
fleurs, ainsi que des feuillages montés en branche
avec tant de finesse et tant d'harmonie.

La maison E. Riché, expose collectivement un
assemblage de branches de lilas cerclés teintes
d'un mauve Ophélia des plus saisissant comme

nature, la forme des fleurs et les tons de feuillages sont parfait comme imitation ; une coiffure de myosotis des plus gracieuse est aussi remarquable par son bon goût, quelques fantaisies en plumes sont recommandables par leur bonne exécution.

La maison ROUSSEAU expose en collectivité des plumes d'un genre distingué, nous citerons un panache d'autruche bleu clair d'une nuance délicate, un pampille blanc des plus joli, et quelques imitations fort bien réussies et qui laisserait à hésiter entre le naturel et le produit frbriqué.

La maison TAUREL frères, expose collectivement deux bouqets de boutons de roses parallèles d'une certaine autorité, les boutons en taffetas et en satin coton, sont superbes de confection, les pétales ont une pose d'un accent naturel et les nuances sont irréprochables, les tons groseilles en taffetas sont du meilleur effet, les thé ont une douceur des plus tendres, le blanc naturel est excessif, les tiges de feuilles rivalisent bien d'ensemble et les tons ont une sûreté de nature qui est des plus sympathiques, à chacune des branches qui paraissent nouvellement cueillies.

La maison TURNEY BROSSET a dans l'exposition collective quelques dahlias en plumes, quoique cette maison ne figure pas parmi les exposants collectifs et qu'elle ai décliné tout titre, nous ne

pouvons la passer sans justifier hautement la
valeurs de ces dahlias remarquables par leur conformation, les cornets roulés avec grâce se pres-
sent les uns contre les autres et réunissent dans
leur ensemble le véritable appas qui sied à ces
fleurs, la nuance cerise brun et rose sont extrêmement soignées et la fraicheur est peinte dans
le coloris.

L'exposition collective des fleurs, feuillages et
plumes de Paris a obtenu pour fruit de ses travaux
une médaille de *progrès*, sans vouloir prétendre
que tous les articles exposés fussent des chefs-
d'œuvres, je crois pouvoir être le fidèle interprête,
non pas d'une personnalité à laquelle le conseil du
jury semble vouloir attacher un plus grand mérite
qui n'est souvent en réalité que la position qu'occupe tel ou tel, cette fois les titres officiels sont
effacés et le jury se trouve en présence d'une
industrie, malgré ce groupement-compacte de
quarante fabrications diverses, nous voyons une
mesquine récompense ; nous nous inclinons devant
les décisions du jury, mais nous pensons hautement, et nos adversaires même les plus acharnés,
m'ont exprimés cet avis que la collectivité florale
de Paris aurait dû, tout au moins, jouir d'un
diplôme d'honneur.

VITRINES PARTICULIÈRES

PARIS

La maison BAULANT expose ses produits avec les bronzes de la maison Christophe : un magnifique Bégonia à auréole transparente, composé de douze feuilles en plusieurs grandeurs, est expressif de naturel. On retrouve toujours dans cette maison une vérité de reproduction vraiment merveilleuse ; les tons de nuances sont saisis avec mérite, le travail adhérent aux feuilles est onctueux ; tout est doux, pas de brusquerie choquante, la nature suit son cours, et l'art artificiel semble vivre dans l'imitation.

Une autre plante, l'Anthurine, est parfaite d'exécution, et partage les éloges des feuilles de Bégonia ainsi que nombre de sujets aussi remarquables.

La vitrine de la maison H. FRANTZEN a un certain air de coquetterie recherchée : ces fleurs sont placées avec goût, et la parcimonie s'accorde assez bien ; l'effet est des plus louables ; la corbeille, posée sur une espèce de rocher, est d'un accueil assez agréable ; les roses sont de bonne confection, mais de formes ordinaires, d'une fabrication soignée ; les nuances fanées ont quelques impressions de vérité, mais n'excellent aucunement par leurs tons ; les teintes passées roses naturelles sont les plus identiques ; le thé est bien conçu, et les autres nuances sont ordinaires. Il est regrettable que dans des types foncés on ait oublié totalement de reproduire les tons groseille pourpre et brun ; toutes d'apparence veloutée, ces roses, parmi les roses, insèrent une certaine vérité qui a plus de tendance vers l'aspiration naturelle, et dont là reproduction tinctoriale est moins défectueuse à saisir que les autres tons qui n'ont aucun reflet. A cette corbeille de roses une lacune subsiste : vis-à-vis de la coloration, une rose d'une teinte quelconque qui tourne à son déclin est forcément avoir subi l'influence de l'air ou des rayons solaires ; les intempéries de l'atmosphère viennent, en conséquence, dégrader en partie les contours de la rose en défixant les couleurs d'un déplacement à un autre, et qui résulte en pétales décolorées appelés pourris tranchants ou acidentés ; ces pétales existent même à des nuances qui n'ont reçu aucune altération et leur expression n'eût servi qu'avec avantage en reproduisant des teintes mortes qui ont été délaissées ; un bouquet de boutons roses Malmaison rachète hautement les quelques infractions mentionnées ; ces boutons sont façonnés avec mérite, la nuance thé est bien sentie. Un rosier roses Bengale attire une vive attention de la part des connaisseurs, tant le naturel est rendu avec art, ce rosier est habilement travaillé, les roses sont délicates et excitent l'admiration, la façon est précise sur tous les points, aucun reproche ne pourrait subsister, la nuance rose est exprimé avec un mérite incontestable, ainsi que les feuillages, et notre pensée est que ce rosier bengale représente à lui seul les autres articles de la maison Frantzen. Il nous faut dire un mot sur les camélias blanc panachés cerise et fait de papyrus, ces fleurs et ces feuillages sont montés sur un treillis qui sert de fond à la vitrine; les fleurs sont appréciables par le velouté que rend le papyrus quand elles sont peu gaufrées ; cette substance est digne pour la reproduction naturelle et c'est à cette condition qu'on obtient un succès pour l'imitation, les camélias ont été bien compris et le panaché, d'un cerisé éclatant, vient vivifier par sa couleur un rapprochement sympathique entre la nature et l'art artificiel, les feuilles ont la même certitude d'expression, leurs tons et leur conformation sont bien réussis, quelques dahlias sont suffisants ainsi qu'un pied mignon de bégonia argenté, quelques lierres et des liserons viennent compléter cette vitrine dont l'ensemble est très-remarquable.

Le jury a décerné une médaille de mérite.

La maison L. HIÉLARD et C° est à quelque titre une des maisons qui ont le mieux tenu notre représentation à l'exposition de Vienne, ces articles ont un tel ton qui les placerait au premier rang pour le bon goût, ces plumes sont gracieuses, leur légèreté sait les embellir, les articles qui paraissent avoir le plus d'objet à l'attention sont ces magnifiques plumes d'autruches glacées, dont les duvets superposés en intermédiaire de différentes couleurs les uns entre les autres, tantôt c'est une teinte vert-mousse entre une nuance mauve, du bleu et jaune, du vert russe et du saumon, du violet et du mauve, d'autres sont en trois nuances et toujours une partie d'un ton à un autre, tel que réséda bleu et cerise et toute d'une fraicheur irréprochable, quelques fantaisies surmontées de têtes d'oiseaux, des panaches de toutes couleurs ayant divers tons tel que le pied café au lait et la tête marron, tête vert-mousse et pied blanc, toutes ces nuances sont franches et des mieux fondus, des fleurs faites de colibris aux couleurs chatoyantes, jettent des reflets dorés qui sont admirables ; un Narcisse fait avec ses plumes est des plus jolis, quelques fantaisies confectionnées avec du pigeon sont des meilleures, trois nuances s'y représentent avec beaucoup d'eflet, mentionnons les couleurs bleu mode, violet et ardoise, ainsi que le cerise au pied plus pâle, ces teintures sont appliquées avec sûreté et méritent des éloges ainsi que le travail de la pose des duvets les uns sùr les autres. Quelques oiseaux aux couleurs multiples couvrent le parterre de leurs teintes resplendissantes, deux éventails d'un gracieux modèle fait de martin pécheur auquel un petit miroir brille au milieu, ces plumes offrent

toujours des bleus sympathiques et le travail est
d'un goût très élevé.

Le jury a décerné une médaille de progrès.

La maison JOUVE DELORME expose de nombreux
articles dont on ne peut que dire du bien, ces travaux sont rarement aussi bien fait, toutes ces
fleurs confectionnées en plumes, sont pourvues de
véritables qualités et en citant la pivoine nuancée
brun-rouge on y laisserait quelque incertitude de
naturel, tellement ce travail est exprimé avec
soin, les marguerites de toutes nuances en différents tons sont excellentes de forme, les couleurs
sont fraîches et des mieux fondues, les bluets, les
coquelicots, et la touffe de fleurs des champs
respirent bien la nature qu'elle représente, les
paquets de roses effeuillées et les roses pompons
sont exécutées avec goût, et leurs teintes roses
brillent de fraicheur, le parterre de la vitrine est
semé d'un gazon véritablement bien imité, tant on
croirait admirer la nature, quelques fleurettes
émaillent ce tapis vert, les pissenlits, les violettes,
le bouton d'or et les paquerettes embellissent cette
pelouse brillante de verdure.

Le jury a décerné une médaille de mérite.

La maison CAMILLE MARCHAIS expose une véritable invasion transformée en champs de roses, toutes
les natures s'y rencontrent, se séduisent les unes
par les autres ; que d'attraits et de fraicheurs dans

ces éclosions palpitantes, l'artifice est à ravir, le
naturel s'y confond et l'abeille y viendrait puiser
son suc; les diffférentes espèces de roses sont
réparties également en tons variés de toutes
nuances, les roses mousseuses, effeuillées et bengales répondent de leur naturel par leur excellente confection, et le langage des couleurs y est
familler, les teintes thé, rose, rosée, rose de roy,
les cerises, cerise brun, sont appliquées avec
mérite, chaque rose en branche est entourée de
son feuillage ; les tiges sont remarquables par leur
expression naturelle et chacune de ces roses posée
dans un vase de cristal, semble attirer une nouvelle fraicheur sur toutes ces collections étince-
lantes de beauté.

La maison CAMILLE MARCHAIS a fait preuve d'un
véritable talent de conception dans ces roses,
auquel d'autres fleurs sont plus sujettes à l'analyse, un bouquet de boutons de roses choux, est
de bonne conformation, seule la nuance n'est pas
assez naturelle et les tons que donne le rose végétal sont trop jaunes, pour aviver cette espèce qui
est d'une teinte rose bleuté, sans pourtant se servir
de rose d'aniline, il n'eut suffi simplement qu'à
passer après le lavage des pétales, les coupes dans
un bain légèrement bleuit et la teinte se pénétrait
de tons plus vivace. Quelques narcisses en paquets
des fleurs de lis sont de bonne fabrication, une
jacynthe lilas est défectueuse et parait avoir un

2*

ton noir, tant sa coloration est foncée, une teinte
au-dessous eut été préférable, un pied d'héliotrope
se montre assez naturel par ses fleurs et son feuillage, un paquet de poirions des mieux conçus
comme fleurs, là teinte du cornet manque un peu
de vigueur, les pétales du dessous sont d'une
nuance trop paille et sensiblement ces pétales ont
une teinte jaune verdâtre qui fait défaut, les tubes
en étoffes sont d'un vert marbré qui tient à la
composition du bain par le manque d'union des
deux composés. Un pot de crocus et de tulipes sont
d'une façon ordinaire, le panaché des crocus est
peu senti et manque d'application, les tulipes sont
d'une nature commune et représente celles de nos
marchés aux fleurs et de grosses taches cloorées
remplacent la panachure, deux pieds de cyclamens
sont expresifs, les fleurs et les feuillages se montrent par leur aspect naturel et un plan de réséda
des mieux conçus clos cette vitrine.

Le jury a décerné une médaille de mérite.

La maison E. Riché a produit à son exposition
de jolis articles qui offrent quelque attention ; un
bouquet de roses aux nuances splendides est du
meilleur effet, l'exécution est parfaite, les tons
groseille, thé rosé jaune sont irréprochables de
teinture et de fraîcheur; quelques-unes ont des
teintes fanées qui sont bien la reproduction des
fleurs naturelles. Un bouquet d'héliotrope est très-
bien imité, la nuance est des mieux; celui de

myosotis semble dire « ne m'oubliez pas », il est aussi parfait; ces petites fleurs sont charmantes dans leurs yeux bleus; quelques coiffures ont acquis une estime de bon goût; la parure de lilas est magnifique, les fleurs et les feuillages sont bien naturels, la monture est gracieuse, celle du nénuphar est trop fantaisiste ainsi que le feuillage; la coiffure de raisin laisse à désirer par les feuilles peu naturelles, les raisins sont bien faits; la parure de fleurs d'oranger est remarquable, les feuilages sont exacts d'imitation; la coiffure roses de haie est sympathique, la confection des fleurs est véritable, les nuances sont bien exprimées, le dessus et le dessous des pétales ont été compris avec nature; la coiffure de liseron est médiocre relativement aux couleurs qui manquent de sûreté dans leur application; quelques panaches et plumes de fantaisie sont très-méritants.

Le jury à décerné une médaille de mérite.

La maison M. SIESBYE expose quelques roses en teintes diverses, la confection de ces fleurs et l'effet des nuances n'indiquent rien à mentionner; une bourriche de pensées et fleurs assorties sont suffisante, les marguerites sont de bonne façon, la tulipe est nulle, ainsi qu'un bégonia qui présente peu d'effet naturel, le bouquet de mariée monté de camélias en papyrus, de lilas et fleurs d'oranger est d'un ensemble délicieux, ces fleurs sont les mieux que présente la vitrine, leur nature impri-

me une véritable douceur qui est d'une suavité
parfaite; quelques coiffures ont assez de grâce par
leurs montures, les fleurs manquent un peu de bon
ton, entre autre la parure de fuschias et celle de
coquelicots et d'avoine ; la coiffure de perce-neige
et de violettes est mieux, le paquet de roses effeuillées est de bon goût; la coiffure de jacinthes ne
laisse aucune attention ; un caladium sur fond
blanc recouvert de nervures vertes jouit d'un
aspect nature assez bien réussi; une plante de
cyanophyllum mérite également quelque faveur.

Le jury a décérné une médaille de bon goût.

La maison VIOL et DUFLOT s'est appliquée à produire un effet chimique dans son exposition, aussi
est-ce en quantité qu'elle exhibe ses plumes décolorées; en tous sens, nous voyons des autruches
grises naturelles, partant de la tête jusqu'à la moitié de la plume toute décolorées, et le pied de ces
plumes est en réserve naturelle, d'autres sont décolorées en sens inverses, quelques unes ont leur
teinte naturelle d'un côté et sont soumises à la
teinture de l'autre, toujours au moyen chimique ;
on en voit de même ayant des réserves naturelles
au pied ou à la tête et chacun de leurs bouts déco-
lorés sont teints, soit en vert, bleu, saumon, ha-
vane, groseille et capucine, entre la réserve naturelle et le décoloré qui est fait par l'ingrédient
chimique; il subsiste après la teinture une auréole
d'un blanc sale qui semble tourner la teinture et

si ce n'était l'avantage du décoloré qui fait qu'on peut teindre en toutes nuances n'importe quelles plumes naturelles avec le système de décoloration, hors cette utilité, j'avouerais que, pour ma part, cette exposition offre peu de goût; d'autres autruches sont travaillées par le frisage et la teinture, les nuances en sont assorties, quelques-unes ont deux tons de teinte différentes, d'autres ont desréserves en blanc au milieu et ne sont bordées de même que sur le côté; nous voyons diverses teintes ayant les bords de chaque côté de deux autres tons différents; une autre a la réserve blanche au milieu et d'un côté, un ton noir et l'autre vert, les nuances sont ordinaires et rien n'y est remaquable. Nous voyons des plumes tricolores teintes en long, les panaches d'autruche sont magnifiques de grandeur et le blanc est d'un veritable azur.

Le jury a décerné une médaille de bon goût.

LYON

La maison J. BRUN et Cᵉ, à Lyon, expose des fleurs d'une fabrication spéciale qui est appelé fleurs d'églises, pour ce genre les articles sont suffisants. Nous voyons une énorme couronne en feuillages dorés, de longues palmes en argent, qui servent pour l'ornementation, quelques autres fleurs en

étoffe sont d'une confection commune, la corbeille
de capucines, de réséda, de glaieuls et de pivoines
sont défectueuses en tout ; deux parures de mariée
ont une monture assez souple, mais les fleurs sont
d'une mauvaise exécution.

Le jury a décerné une médaille de bon goût.

La maison JAMES (sœurs) à Lyon expose des
articles d'un genre spécial de fabrication, rien ne
mérite d'être rapporté comme exécution, nous
mentionnerons les types d'une confection ordinaire
comme fleurs d'appartement, côté commercial. Une
corbeille de roses effeuillées, un pied d'héliotrope,
un laurier suffisamment bien fait ; un pied de bégonia, une giroflée, une monture de chèvrefeuille
et une de capucines et un bouquet de lilas et
narcisses.

Le Jury a décerné une médaille de bon goût.

L'Exposition de Vienne pour l'Industrie florale
française a fourni peu d'éléments nouveaux, et
en général on parait s'être accordé à montrer des
types d'une exécution parfaite et chacun a mis en
relief des produits de fabrication supérieure, mais
non des productions dérivées d'études longuement
recherchées, ce fait d'innovation motive pleinement
son absence.

Les Expositions trop successives ont cette

conséquence inévitable, elles laissent trop peu de temps à l'artisan industriel pour produire à nouveau, avant même d'avoir pu corriger les vices que nous montrait l'Exposition de 1867. Notre Exposition n'est donc que la consécration d'articles déjà innovés seulement reproduit cette fois avec plus d'autorité et de talent et nous pensons que les exposants français ont plus songé à faire acte de civisme et de vitalité en se sacrifiant à entrer de nouveau en lutte avec les armes pacifiques du travail et au lendemain des plus affreuses calamités que puisse endurer un pays sous le joug de l'étranger, nous voyons se redresser la main industrielle de la France, et affirmer son rang sous l'égide de la paix.

EXPOSITION ALLEMANDE

AUTRICHE

La maison ALBERT, à Vienne, expose quelques plumes d'autruche ombrées d'un genre ordinaire, les feuillages sont imités avec des duvets de colibris, un tabouret pouff est recouvert de paon avec quelques ornements en grèbe, cette fantaisie est d'une façon méritante, pourtant l'effet est défectueux dans l'intercallation et la pose des plumes pour la formation des dessins.

Madame la comtesse Pauline BAUDISSIN, à Vienne, expose différents articles de fleurs en papyrus, ces travaux ont une tendance assez remarquable pour vaincre les difficultées de cette substance trois corbeilles sont garnies de modèles assez défectueux pour ce genre de fabrication, tel que le datura, l'azalée, le géranium et les roses, ces produits ont quelques mérites, mais laissent toujours trop à désirer par cette pression opaque de l'outil qui subsiste quand même ; quand au coloris, il est peu facile de l'apprécier, ces fleurs étant en plein air sous la rotonde de l'exposition, pourtant si les couleurs eussent été bien mordancées on aurait pu en retrouver une trace, c'est ce que nous ne voyons pas, ces fleurs sont recouvertes de poussière et les nuances sont des plus insignifiantes.

Le jury a décerné une médaille de mérite.

La maison BAUMGARTNER, à Vienne, expose des oiseaux naturels de toutes provenances, des marabouts et des plumes d'autruche, ombrées en longs de nuances différentes, les teintes sont bien appliquées ; l'autruche en deux tons ponceaux et pied noir est moins réussie comme teinture quelques fleurs en colibris ont assez de mérite.

Le jury a décerné une médaille de bon goût.

La maison STEINER BRUDER, à Vienne, expose largementses produits. Une corbeille semée de nénuphars, de giroflées, de camélias et de fougères qui laissent à désirer sur tous les points ; un bégonia plaqué manque de réalisme dans les tons et la confection, le rosier est mauvais, les petites paquerettes et l'azaléa sont suffisants, une rose en satin de soie rubis, manque de fondu et sa conformation est très ordinaire, quelques feuilles en satin de soie nuances de fantaisie, bordées argent, et plusieurs montures, des plumes d'autruche

teintes en nuance, paraissent assez réussies ;
quoique cela, la teinture est dénuée de fraicheur.

La maison ELWERT et ALBRECHT, à Vienne, expose
des feuillages qui semblent réunir la meilleure
fabrication parmi ses confrères, nous remarquons
des cissus assez naturels ombrés argent, en relief
sur le gauffroir, plusieurs types de bégonias
double face plaqués argent, qui malgré l'immense
variété de cette espèce, on ne peut se pénétrer
qu'ils fussent copiés, dans le sens naturel le velouté est assez bien rendu ; les caladiums panachés
vert sur fond blanc paraissent des plus ouvragés ;
l'exécution des membranes est due à l'impression
lithographique, les tons du panaché sont d'un
vert criard et manquent de naturel, la monture
de cette plante est peu soignée la feuille est à effet
et rien de plus ne confirme la beauté du travail.
Les nénuphars sont d'un vert trop cru l'auréole
est faite à la plaque, le panaché est mauvais, le
coup de pinceau ne laisse aucun relief saillant, il
en est de même pour les lierres qui sont d'un genre
courant, diverses feuilles en mousseline trempées
fond bleu et bord rubis ont un gout médiocre,
ces feuilles son également cirées et féculées et ont
peu de fraicheur, des pousses de roses sont négli-
gemment faites ; les cyclamens mis en palme, méritent quelque attention, le ton vert est assez naturel et la configuration creuse de la feuille argentée
est des mieux réussie ; quelques fougères sont

passables ; les tiges de roses sont peu naturelles, le velouté manque d'application ; d'autres feuillages restent sans mention.

Le jury a décerné une médaille de progrès.

La maison FRITSCH BABETTE, à Graz, expose différents articles qui n'ont aucune forme de fleurs, les roses effeuillées, surtout celles au cerise bordé noir ont un aspect peu séduisant, tant la teinte manque de fraîcheur ; des pavôts en taffetas uni, un cactus dont les feuilles de fantaisie n'ont rien qui relève comme goût, quelques narcisses et un assortiment de plumes d'autruche de toutes nuances, les couleurs paraissent fanées et semblent imiter les natures mortes.

Le Jury a décerné une médaille de bon goût.

La maison GEPPERT ANDRÉAS à Vienne, expose un pied de fluschias dont les fleurs sont cirées et qui ne manque pas d'une certaine valeur, lesfleurs sont bien imitées et la cire lui donne le brillant de son naturel, les feuilles sont de bonne teinte et la monture est dans le goût de la nature. La couronne impériale manque d'expression, la teinte est trop jaune et le feuillage dans le principe naturel quoique peu gauffré manque entièrement, on dirait que ces feuilles ont été montées après le découpage sans plus de façon. Un azalée en papyrus exprime assez bien le sens naturel, la teinte rose est fraîche. Un pied d'hortensia gauffré à la presse est suffisant,

les feuillages ont des tons trop foncés ; une grappe
de maronnier est bien conçue, la confection en est
bien naturelle, le cactus double est bon dans son
ensemble. Un rosier et une branche de pommier
sont mauvais d'exécution. Cette maison fait partie
de l'Exposition collective de Vienne.

Le Jury a décerné une médaille de mérite.

La maison GRUSCHONIG et Cᵒ, à Vienne, est pro-
digue dans son exposition ; six énormes couronnes
faites de toutes fleurs sont d'un genre commun,
six rosiers monstres d'étoffes grossières et dont
les couleurs, rose, cerise, lilas et autres, sont des
plus vives et n'ont rien de naturel. Un pied de
caoutchouc des plus mauvais comme ton vert et
monture, le travail des feuilles ne laisse rien à voir
comme exécution ; plus une corbeille collossalle
garnie d'azalée en papyrus de glaïeuls, de listigré-
dias et de roses églantines, tous ces articles n'ont
aucune valeur, seul l'azalée en papyrus mérite
attention.

La Maison F. HALIX, à Vienne, expose une sus-
pension garnie de fleurs en papier, les narcisses,
les lilas, les fuschias la tulipe et d'autres fleurs
sont d'un travail facile, mais suffisamment bien
fait.

La maison HAUSSER, à Vienne, expose des plumes
d'autruche ombrée en deux tons ; les nuances bleu

et saumon, ponceau et autres sont de bonne teinture, le noir est assez franc, le frisage de ces plumes est mal façonné, les duvets se retranchent les uns sur les autres et laissent des écarts, ce qui retire le cachet de la plume.

La maison HEILIG Louise, à Vienne. expose des plumes d'autruche ombrée en long et en biais, les nuances sont irréprochables de fraîcheur, les plumes nuancées en long ont toutes des réserves blanches au milieu et les côtés sont de nuances différentes le fondu est des mieux. Uue autruche blanche avec aigrette et une ombrelle recouverte de marabouts sont remarquables par leur bonne grâce.

Le Jury a décerné une médaille de bon goût.

La maison Carl HOFFMANN, à Vienne, expose des fleurs et des feuillages de tout genre, nous citerons un arboréum blanc qui laisse à désirer pour la façon des fleurs, son feuillage est défectueux pour une imitation naturelle; le pied d'Hortensia rosé est peu précis quoique ses pétales fussent gaufrées à la presse, les piquets de roses de toutes nuances sont ordinaires de fabrication, ainsi que les tiges, une carte de gaufrure composée des différentes grandeurs de pétales pour la confection d'une rose. La couronne de pensées satin et velours en nuance de fantaisie offre peu d'attrait, les pétales des pensées, sont coupées en vert sur la tête et pied bleu au fond, cet espèce d'écossais est peu favorable à certaines fleurs, les feuilles de houx entrelacent cette couronne qui est toute fantaisiste ; quelques tulipes satin et velours ont une forme suffisante, les nuances rubis sont sur des réserves blanches mal gardées ; une autre a le pied trempé bronze, et la tête, vert d'eau panaché rubis, ces nuances manquent d'harmonie dans leur intercalation et choque l'effet des couleurs, la tulipe jaune capucine serait mieux, les deux pétales de velours sont seules panachées noir. Un pied de roses trémières avec les grandes pétales en velours et le cœur en mousseline de nuance flamme de punch, les feuilles sont également en velours de teinte verte, cet arbuste de fantaisie laisse à désirer, les feuilles sont nulles comme rose trémière, la nuance est passable ; quelques montures de roses avec feuillles de velours vert mousse, les feuilles sont gaufrées à la presse, ces coiffures sont courantes et rien n'est à remarquer.

Les iris dont les pétales du dessous sont en velours et ceux du dessus en crêpe sont médiocres, aucun panaché ne relève cette fleur, quelques branches de fleurs et de feuilles en étoffe paille, mêlées de coquelicots paraissent assez bien d'ensemble ; un caoutchouc est des plus mauvais, sa monture est lourde, les tons sont trop bleus, le panaché, si fin du naturel, est d'une ampleur démesurée et sa teinte est fausse.

Le jury a décerné une médaille de progrès.

La maison HUBER, à Vienne, comme fruitier expose des articles qui sont dignes d'attention, les pommes, les prunes, les poires, les pêches sont réelles de nature dans leurs formes et leur teintes, les raisins noir sont d'un beau velouté et les fruits de fantaisie ont assez de mérite.

Cette maison fait partie de l'Exposition collective de Vienne.

Le jury a décerné une médaille de reconnaissance.

La maison HUNDHAMMER GEORG, à Vienne, se fait remarquer par quelques travaux en papyrus, plusieurs types de roses sont assez bien rendus, la fraîcheur des teintes est moins heureuse, les camélias sont ordinaires pour ce genre de fabrication, un pot de myosotis y est naturel, les boutons de roses sont défectueux et les teintes naturelles sans valeur. Une grappe d'accasias, des fleurs de Muguet et quelques autres articles représentent un travail courant.

Le Jury a décerné une médaille de mérite.

La maison Michaël HUTTERSTRASSER à Vienne, expose dans un kiosque colossal encombré de fleurs de toutes façons et de tous les pays sans scrupule pour ses voisins, il expose leurs articles, cela est encore permis entre marchands et fabricants d'un même pays, mais il parait que chez certains, le fait est coutumier et chaque fabricant

français, peu soucieux de l'Exposition florale à
Vienne, retrouverait ses produits exposés sous un
nom allemand, les articles sont composés de camélias, de branches de jacinthes, de rosiers, de
marguerites, d'orchidée, de géraniums, de paqué-
rettes, d'azalées. de coréopsis, de fuschias, de
jonquilles, de myosotis et de tulipes, pour ce qui
est de tulipes, je crois les reconnaître plus parti-
culiérement, les ayant panachées il m'était facile
d'apprécier mon travail dont j'avais innové le
genre, lorsque j'étais encore à cette époque dans la
maison Ménard ; le type de ses fleurs avait été fait
deux ans avant l'Exposition, ce qui donne à penser
sur la fraîcheur et la recherche des nouveautés.

Les feuillages se retrouvent avec un énorme
bégonia, un caoutchouc et un grand palmier.

Le Jury a décerné une médaille de mérite.

La maison KÉPLINGER à Vienne, expose un arbuste
d'acacias dont les fleurs sont nulles, les feuillages
sembleraient mieux ; deux rosiers l'un rose et thé,
n'ont rien d'appréciable, les fleurs sont de mauvaise façon, le rose est trop vif et manque de
fraîcheur ; deux pots de nenuphars blanc n'ont
rien à être signalé, les feuilles sont panachées ;
cette maison fait partie de l'Exposition collective
de Vienne.

Le Jury a décerné une médaille de bon goût.

La maison KLEIN, tabletier, à Vienne, expose un

éventail en plumes d'autruche noire, cette fantaisie est du meilleur goût, la plume est légère et la frisure est admirable, un petit coffre est recouvert de paon, ce travail nous a paru digne d'être mentionné; deux autres évantails en paon ont également un goût bien exprimé dans leur forme gracieuse.

La maison KOVATS O. E, à Vienne, expose une corbeille garnie de géraniums, ces fleurs sont avec appliques et panachées, les feuilles sont moins bien comme exécution, les tons sont trop bleus, le plaqué est d'un bon ordinaire, les coréopsis n'ont rien de remarquable, un hortensia verdi, gauffré à la presse, deux bouquets de roses assortis de nuances ont un aspect plutôt favorable. Une pivoine en satin de soie est du plus mauvais effet, cette fleur est rendue trop lourde par le choix de son étoffe, la nuance n'a aucune vérité de narurel, quelques pensées en satin coton et velours sont d'un genre commun, un bouquet de violettes et de roses rosées et trois paquets de jonquilles sont très-ordinaires de fabrication.

Le Jury a décerné une médaille de bon goût.

La maison KUTTNI FANNY expose un réséda d'une mauvaise confection, les coiffures sont mieux conçues dans leur ensemble et le maronnier est très-naturel de conformation, les feuilles ont des

.tons trop jaunâtres, la gravure des tiges est remarquable.

Le Jury a décerné une médaille de bon goût,

La maison W. Kutschera, à Vienne, expose des
fleurs et des feuillages en papier : un bouquet de
camélias est des plus méritants ; quelques violettes, des œillets de toutes nuances et des rodo-
dendrons. Ces fleurs sont reproduites assez naturellement. Un bégonia et des fougères en papier
ont quelque estime dans ce genre de spécialité.

La maison C. G. NEUHAUSSER, à Vienne, expose
deux cartons remplis de jacinthes d'une façon
demi ordinaire : les nuances rose cerise, blanc
verdi sont assez fraîches. Une corbeille de roses
n'annonce rien de remarquable. Un bégonia ne
paraît qu'ébauché; quelques liserons, bluets et
des avoines en fantaisies retouchées bronze ont
un goût médiocre.

Le jury a décerné une médaille de bon goût.

La maison Pachulska (Théophile), à Vienne,
expose une guirlande de pois de senteur en nuances
trop foncées ; les teintes en paraissent noires. Les
montures de roses trémières rose cerise et cerise
bruni n'ont rien à être signalé. Les roses ont des
tons criards et la confection est mauvaise. La
branche de marronnier est méritante de naturel ;
les feuillages n'ont pas la même qualité. Le pied

de géranium carmin est ordinaire; les feuilles plaquées sont suffisantes. Un pied de maranta petite espèce est passable comme exécution.

Le jury a décerné une médaille de bon goût.

La maison RIÉGER et ULLMANN, à Pesth, (Autriche), expose des plumes d'autruches en deux tons : les teintes rose, marron, violet et mauve manquent de vivacité. Les parures de mariées sont de mauvais goût. Les cartons garnis de fleurs sont d'un effet commun; les violettes sont passables ainsi que les marguerites.

La maison Robert RUSZITSZKA, à Vienne, expose des autruches ordinaires, en couleurs variées de toutes nuances. Parmi ces teintes, les plus dignes d'attention sont celles en noir, qui sont les mieux que nous ayons vu dans le groupe viennois. D'autres plumes ombrées en biais, avec des réserves en blanc ont assez de mérite.

La maison SCHESTAG, à Vienne, expose un seul rosier qui, vraisemblablement, passerait pour un arbre de Noël, les roses sont d'un genre commun et la teinte rose est loin de la nature, les pétales du cœur sont beaucoup trop vifs et tournent au petit cerise, les tiges sont à nervures bombées et sans doute gaufrées à l'envers, la monture entrerait pour une meilleure part dans cet arbuste.

Le Jury a décerné une médaille de reconnaissance.

La maison Schlessinger, à Vienne, expose deux branches de pavôt en taffetas uni d'une façon médiocre, une monture de giroflées, des branches de glaieuls, des roses assorties en papyrus, ce travail est confectionné avec quelque mérite, les camélias d'étoffe et le bouton de rose thé sont peu appréciables.

La maison Schwer (Joseph), à Vienne, expose un tapis en paon entremélés de Martin pécheur, cette fantaisie est d'un mauvais ensemble comme disposition de plumes et de couleurs, les plumes d'autruche ombrées sont de bonne teinture, leurs nuances sont vivaces, deux éventails en plumes de paon déployées méritent quelques faveurs, quelques autres articles naturels et fantaisie ont assez de goût dans la confection, une imitation grotesque est celle d'un chien griffon en plumes.

La maison Thürfelder, marchand d'apprêts, à Vienne, expose divers articles comme fourniture et matière première pour fleurs et feuillages, nous voyons des emporte-pièces, des gaufroirs avec leur cuvette, des pinces à gaufrer, des outils, boule, du laiton couvert, des tubes de caoutchouc pour monture, des échantillons de couleurs sur des pétales de satin trempées à taches en toutes nuances, des échantillons d'étoffe et de papier d'or et d'argent, des nuances variées en feuilles de paillon, des fruits comme imitation manquent de naturel par leurs teintes peu expressives, des pensées en douzaine en velours de coton, ces fleurs sont peu soignées et manquent de finesse, les boutons de roses en paquets n'ont aucune fraîcheur, les camélias et les marguerites sont mieux de façon, quelques feuillages suivent cette nomenclature, les tiges de roses, les vignes et plusieurs types de feuilles de nénuphar d'un panaché peu assuré.

En général, tous ces articles exposés sont d'un genre commun; on le voit, cette vitrine expose ce qu'il y a de plus commercial.

La maison WALNER BARBARA, à Vienne, n'expose que des feuillages, les fougères ont de bonnes teintes naturelles, mais leurs conformations sont outre mesure en grandeur, les lierres vernis et panachés font faute d'expression, les feuilles de pensées, les tiges de roses sont satisfaisantes, les géraniums à auréole sont plaqués de différentes couleurs sur fond vert, le féculé n'est pas clair et fait faute d'application. Une couronne de feuilles paquerettes n'est qu'ordinaire, les feuilles de fuschias et de camélias sont de fabrication courante, toutes ces feuilles d'étoffe percale sont unies et sans double face.

Le Jury a décerné une médaille de reconnaissance.

La maison WILHELM et BRUNNER, à Vienne, expose une corbeille de géraniums, de roses et de jacinthes, la monture de muguet et le bandeau d'accacias ont assez de grâce, les autres fleurs sont d'un genre courant.

2***

ALLEMAGNE DU NORD

La maison BOLSUIS ERBEN, à Berlin, expose ses produits dans un kiosque énorme de grandeur; nous citerons une jardinière suspendue garnie de fuschias, de géraniums, de jacinthes, d'azalées, de camélias, de crocus, de dahlias, de jonquilles, d'orchidées, d'arum, de violettes et de muguet, toutes ces fleurs sont généralement peu soignées et sont exécutées sans recherche dans les détails, les nuances sont expéditives et presque sans éclat, un bouquet de roses mêlé de nuances est facile de fabrication. Une corbeille de nenuphars blancs avec feuilles panachées, quelques montures de fleurs, un pied d'anémone d'un rose panaché des plus médiocre, ces fleurs sont confectionnées sans goût, les camélias blancs en papyrus sont suffisamment compris, le feuillage de chacune de ces fleurs est peu remarquable.

Le Jury a décerné une médaille de progrès.

La maison J. GADICKE, à Berlin, expose deux cypripédium d'un travail raisonné, les fleurs sont excellentes de confection, la nuance est on ne peut mieux réussie, ces deux pieds sont parfait d'imitation. Deux bégonias ont une teinte peu avantageuse et leur ton noirâtre est de mauvais effet en reproduction artificielle.

Le Jury a décerné une médaille de reconnaissance.

La maison HERMANN, à Berlin, expose des articles d'un goût médiocre, deux arbustes d'azalées blancs et roses aux fleurs cirées et féculées sont d'un travail peu méritant, les deux pieds de primevères violets manquent de confection, les fleurs trempées à tache ont les bords trop blancs les feuilles lainées laissent à désirer, les branches de lilas, de cerisiers, les jonquilles, les dahlias, les marguerites et les chèvrefeuilles sont d'un genre extrêmement facile, les roses de toutes nuances, thé, cerise, rosée, rose et blanc ont uue fraîcheur passable, le cactus rose est assez bon de façon et de fraîcheur, les camélias cerise en plein sont de fabrication commune.

Le Jury a décerné une médaille de reconnaissance.

La maison THIÈME et HOCHSTETTER. à Berlin, expose des feuillages de fabrication courante, le liseron monté est à double face ainsi que la pâquerette, les géraniums sont à auréoles, plaqués brun et variés de nuances sur les bords, les tons verts sont trop crus et peu naturels, la vigne est suffisamment réussie, les retouchés sur le gaufroir et le ciré sont bon comme exécution, les tiges bengales double face, le camélia et les tiges de marronnier sont d'un travail ordinaire, les ombrés bruns sont assez fondus, les nénuphars panachés et les roseaux n'ont rien de remarquable.

Le Jury a décerné une médaille de mérite.

Exposition collective de Munich

La maison AIGNER, à Munich, expose collectivement, une jardinière garnie de muguet, de jonquilles, l'œillet carminé, panaché noir est nul, les camélias et le paquet de poirions sont suffisant, le pied de rhododendron est mauvais d'exécution, les fleurs cirées manquent de légèreté, les bords de fleurs sont pleins de bavures de cire. Deux rosiers cerise carminé et six petits rosiers roses, des bois de toutes nuances, les teintes sont courantes et la confection est assez méritante, deux pieds de fuschias ont une façon passable, la nuance est médiocre, quelques pensées satin et velours sont bien de forme, les nuances sont appliquées avec sûreté, cet article paraît douteux pour sortir de la même fabrication que les fleurs ci-dessus exposées. Les feuillages de chacune de ces fleurs n'ont rien de remarquable.

Le Jury a décerné une médaille de bon goût.

La Maison J. ASEN, à Munich, expose collectivement une grande corbeille semée de roses d'azalées, de jonquilles, de camélias, de lilas, de géraniums, de fuschias, de jacinthes et d'ébéniers, ces fleurs n'ont aucune valeur de façon, ni de nuances, les roses jaunes sont suffisantes de teinte, un bouquet de violettes et de camélias est assez soigné, les branches de sureau, les pensées en velours plein et étoffe et les roses de haie méritent peu. Le bouquet de roses saumon, blanc, groseille, rose naturel et autres sont meilleures de confection que les fleurs simples, les nuances ont une certaine expression qui est assez favorable, les tiges de roses ont des épaisseurs de cire ce qui les rend peu digne d'attention.

Le Jury a décerné une médaille de bon goût.

La maison LOUIS BAUER'S, à Munich, n'expose collectivement que des feuillages, ses rosiers bengales ont assez de grâce, les tiges sont de bonne conformation, les tons de vert sont blafards ainsi que ceux des tiges choux ce qui décomplète l'harmonie, les bordés rougis en coupe sont passables, les filets sont peu nourris et d'une teinte trop bleu, les lierres panachés tremblé sont courant, la nuance naturelle est défectueuse, les tiges de marronniers n'ont de remarquable que le gaufré, ces nervures sont excellentes, la pâquerette est suffisante, le nénuphar est gaufré à la main et roulé sur le bord, cinq filets donnent le panaché de cette feuille. Un

géranium rosa bord blanc sur fond vert à auréole
plaqué brun. Un bégonia petite espèce est sans
travail sérieux, les branches d'accasias présentent
assez de naturel et leurs tiges sont montées avec
souplesse, quelques montures de camélias et de
tiges de roses ont quelque goût.

Le Jury a décerné une médaille de mérite.

La maison Carl BILLING, à Munich, expose collectivement un groupe fabuleux de dix-neuf rosiers
de genre différent, les roses pompon, roses choux
effeuillées et autres s'y croisent avec un effet
criard des plus choquant, les teintes sont un véritable gâchis de couleurs, le cerise, le carmin, les
roses brunies, jaunes, ont un aspect vraiment déplorable, les tiges de chaque espèce de rose est
d'un vert anglais très-prononcé pour des types
naturels, on se rend facilement compte des résultats obtenus par ces teintes surnaturelles, quelques géraniums ont une idée plus élevée de fabrication quoique très-ordinaires, les feuilles sont à
auréole plaqué et d'un travail courant, les lierres
sont également de mauvaise exécution.

Le Jury a décerné une médaille de reconnaissance.

La maison WITT et SCHLÜTER, à Munich, expose
collectivement différents genres de fleurs. Un gros
bouquet de roses de nuances variées manque en
partie de fraîcheur, les roses thé sont trop vives
et le cerise est sans éclat, les boutons de roses
taffetas avec tranchants en velours se font remar-

quer par la trop grande consentration de couleurs, les bords des pétales sont entièrement dorés, les teintes groseille sont faites en plein, ce qui nuit à l'effet. Une monture de cyclamen est ordinaire, la coiffure de dahlia est assez bien montée, les fleurs pêchent dans le trempé, le dahlia cerise, carmin et brun ont peu de fraîcheur, le paquet de marguerites est bien de façon, ainsi que la branche de lilas ; la rose trémière est peu naturelle. les nénuphars blancs sont communs. Un bégonia avec sa fleur d'espèce commune, un caoutchouc panaché réunit assez de grâce dans sa monture, le ton vert naturel de cet arbuste est douteux, quelques lierres grimpants son panachés à la plaque et paraissent suffisants de naturel.

Le Jury a décerné une médaille de mérite.

La maison HECKEL à Munich, expose un véritable kiosque colossale garni de fleurs, les roses en branches cerise et blanc, rose et thé sont courantes de genre, huit couronnes impériales ont peu de naturel, la teinte des fleurs est trop rouge, les lis montés, le géranium, les liserons, les marguerites et le coucou sont passables, le myosotis, le sureau, les bluets, le coquelicot, les épis et les parures de fleurs d'oranger sont des articles de commission, le réséda est bien fait, les bruyères et d'autres fleurs sont suffisantes, les feuilles en grosse et une plante tombante sont de bonne façon.

Le Jury a décerné une médaille de progrès.

Exposition collective de Saxe

La maison ALICE et RÖSSLER, à Dresde, expose collectivement des roses en douzaines et des piquets de fleurs d'un genre commun : les feuilles sont également de fabrication peu soignée.

Le jury a décerné une médaille de bon goût.

La maison HAUSSIG, C. G., à Dresde, expose collectivement des branches de roses et des fleurs en douzaines d'un genre courant de fabrication : les pensées sont médiocres ; les coquelicots paraissent meilleurs de confection ; les métiers d'étoffes apprêtées pour roseau ont une teinte assez naturelle ; les traits filés de toutes nuances et le velouté sont assez bien rendus.

Le jury a décerné une médaille de mérite.

La maison KOCH et KOHLMANN, à Dresde, expose collectivement des apprêts de graines de toute nature. Ce genre de fabrication est bien soigné : quelques fruits des raisins cassis et autres sont également bien faits.

Le jury a décerné une médaille de bon goût.

La maison METZNER CARL, à Dresde, expose collectivement des feuillages d'une exécution satisfaisante : les lierres panachés et vernis sont naturels ; les géraniums à bord blanc, auréole plaqué brun sur fond vert, ont assez de mérite ; les roseaux aux filets tirés sont bien comme travail.

La maison MAAZ ERNST, à Neustadt, expose collectivement des apprêts de graines d'une bonne confection.

La maison WILHELM MICHEL, à Neustadt, expose collectivement ses fleurs dans des cartons. Le genre est extrêmement commun : les piquets de roses et de différentes fleurs sont d'étoffe grossière ; les herbes imitées sont satisfaisantes.

Le jury a décerné une médaille de mérite.

La maison FUCHS et Cᵉ, à Breslau, expose une carte d'échantillons de feuillages. Les types de caladium, de nénuphars, de bégonias tiquetés argent, les géraniums, les fléches d'eau et les tiges de roses paraissent n'être qu'un seul et même ton de vert d'une teinte trop bleue. Les quelques panachés des nénuphars et des flèches sont peu appréciables ; les traits sont démesurés et sans relief ; la vigne est meilleure en tout comme travail.

Le jury a décerné une médaille de reconnaissance.

La maison JAUCH CHRISTINE, à Breslau, expose un vase d'une hauteur prodigieuse, garni de fus-

chias, de chrysanthèmes, de roses de haie, de jonquilles doubles, de pensées en velours uni et satin
coton, de nénuphars, de dahlias, d'iris, de
narcisses et de lilium. Ces fleurs et leurs feuillages
sont mauvais d'exécution ; les teintes sont fausses
et peu fraîches, et la confusion d'ensemble est
d'un effet des plus fantasques ; les œillets en
toutes nuances sont passables. Une couronne de
roses et violettes et un pied d'azalée sont suffisants. La coiffure de fuschias est médiocre ; la
boule de neige, le sureau, les camélias sont meilleurs de confection ; les roses thé en mousseline
ont peu de grâce ; les branches d'acacias sont
extrêmement communes, tant pour la forme des
fleurs, la monture et la conception des tiges. Une
corbeille de jacinthes, de crocus, de tulipes et d'autres fleurs sont d'une médiocrité sans exemple.

Le jury a décerné une médaille de bon goût.

La maison WANCKE, à Hambourg, se distingue
pour son genre de fabrication de fleurs en papier.
Une corbeille de roses est assez remarquable : les
fleurs sont soignées et les couleurs sont interprétées avec goût. Une autre corbeille plus petite est
digne d'attention ; les roses pompons et effeuillées
sont des mieux conçues. Un panier porte gracieusement des boutons de roses en toutes nuances,
cerise, rose rosée, blanc et jaune. Ces teintes ont
été choisies avec mérite. Quelques grosses roses
se rafraîchissent dans des vases de cristal. Deux

couronnes de roses blanches sont également bien réussies.

Le jury a décerné une médaille de reconnaissance.

ANGLETERRE

La maison W. J. LAYBOURN, expose des plumes d'autruches de toutes nuances, ces articles sont d'un bon courant.

Le Jury a décerné une médaille de reconnaissance.

La maison ROWE, expose un médaillon de fleurs en dentelles, les laitons ont la forme des pétales recouverts d'un tulle sur lequel le fil forme les dessins, ce travail minutieux nous a paru digne d'être mentionné.

INDES ANGLAISES

La maison EDWIN WARD, expose deux éventails et une toque en martin-pêcheur. Un manchon et une toque sont également recouverts de paon, ces articles sont de bon goût et des plus méritant.

La maison EPPINGER, à Paris, expose dans la galerie des Indes Anglaises, nous voyons des Autruches du Cap soumises à la teinture, les plumes glacées sont magnifiques, les nuances superposées s'accordent parfaitement, les tons blanc, noir et jaune, vert russe, ponceau et blanc, thé rosé, blanc et bleu, sont d'une heureuse harmonie, les teintes coupées en long, blanc et bleu, blanc et ponceau, blanc réséda et verdi et autres, sont également irréprochables d'application et de fraîcheur, trois plumes tricolores sont des plus dignes; nos couleurs nationales s'y représentent hautement.

La maison METTIER, à Paris, expose dans la galerie des Indes Anglaises une gerbe d'épis d'avoine et de blé de Turquie, ce genre de fabrication est assez bien rendu, les fleurs des champs sont d'un travail courant.

ÉTATS-UNIS D'AMÉRIQUE

La maison BLOOGOOD de ETTA, à New-York, expose quelques fleurs en cire, le bouquet de roses est bien fait, les nuances sont expressives de fraîcheur, les chèvrefeuilles, les roses églantines, le marronnier et le sureau sont de bonne conformation, le feuillage est également bien reproduit et les plus petites nervures s'y retrouvent à merveille.

Le Jury a décerné une médaille de reconnaissance.

ITALIE

Dans la galerie Italienne, une jardinière est exposée, ces fleurs sont recouvertes d'une gaze argentine qui dissimule leur juste appréciation, quoique cela ces fleurs paraissent être faites de gaze en nuances variées, leur représentation semblerai manquer de légèreté.

PORTUGAL

A la galerie Portugaise, on remarque sous deux cylindres de verre des fleurs en coquillage dont l'ensemble n'offre aucune qualité sérieuse à mentionner.

DANEMARCK

Mlle PRIOR (Marie) expose quelques fleurs en plumes suffisamment bien faites, une pancarte indique que ces travaux ont été fabriqués sans instruction. Nous citerons le fuschia et l'œillet en plumes d'ibis, ainsi qu'une corbeille assez gracieusement garnie de fleurs des champs, le travail est soigné et délicat.

Le Jury a décerné une médaille de reconnaissance.

BRÉSIL

Mlles NATTÉ, à Rio-de-Janeïro, expose des travaux en plumes naturelles qui s'attirent à l'attention, deux bananiers en plumes de perroquets d'un modèle mignon et d'un travail de goût, cette reproduction est délicate dans la pose des duvets les uns sur les autres, des éventails en ibis vert et ponceau et en cygne sont remarquables par leur élégance, des fleurs en colibris montées avec des plumes découpées en feuilles, ces fleurs sont extrêmement soyeuses et font preuve d'un véritable mérite, une parure de fleurs d'oranger, un diadème, quelques pensées, des liserons et autres sont également dignes d'attrait; l'innovation ingénieuse de ces articles les placent au premier rang pour le genre de fantaisie en plumes naturelles, les oiseaux montés en broches et les mouches brillantes ont leurs parts de succès dans cette belle vitrine.

Le Jury a décerné une médaille de progrès.

CHINE

La maison LOOG-MOONG SOONG, à Pékin, expose une grande variété de fleurs, toutes de papyrus ou véritable papier chinois, ses fleurs sont assez difficiles à apprécier suivant les outils ou les couleurs qu'ils peuvent bien se servir, le genre de camélias, de dahlias, de roses de haie et une multi-tude d'autres espèces paraissent être leurs mo-dèles les plus usités, les nuances font presque défaut, hors deux iris en papier non velouté, trempé violet et panaché, les diverses fleurs sont en blanc.

Le Jury a décerné une médaille de mérite.

FAITS ET MENTIONS

SUR LES BASES DE FABRICATION EN ALLEMAGNE

ET RAPPORT SUR L'ORDRE COMMERCIAL.

Les renseignements concernant la fabrication viennoise, ainsi que mes visites dans les ateliers, n'ont été procurées dans deux maisons par l'intermédiaire de M. Auguste Bischoff ex-commissionnaire à Paris, qui a bien voulu m'accompagner et me servir d'interprêtre auprès de Mme Anna Hoffmann, fabricante de fleurs et M. Ruszitszka fabricant de plumes.

J'ai également visité les ateliers de MM. Elwert et Albrecht fabricant de feuillages et de M. Andréas Geppert fabricant de fleurs.

Toutes ces personnes m'ont reçu avec bienveillance et m'ont soumis tout ce qui pouvait m'être utile, pourtant, je dois le dire, à chaque demande que j'adressais, on m'invitait de mon côté à décrire également notre système de fabrication; j'ose donc rémercier profondément M. Auguste Bischoff de sa bonté et de son égard à ma personne, il regrettait

3*

lui-même que je ne l'ai vu plutôt, je puis dire en cela que je partage ses mêmes sentiments. Je dois remercier plus particulièrement M⁶ Anna Hoffmann de sa vive sympathie et M. Robert Ruszitszka qui s'est montré d'une haute courtoisie, et mes achats de plumes s'élevant au prix de 18 florins, je n'ai pu convaincre ce fabricant à bien vouloir en toucher le montant en échange de cette générosité, je ne puis que lui en exprimer ma reconnaissance.

Le centre de fabrication des fleurs, feuillages artificiels et plumes de parure est à Vienne. Cette industrie dans la capitale de l'Autriche, n'a pris son véritable développement qu'en 1864; un décret rendu donna pleine et entière liberté aux membres de cette partie à s'établir suivant leur gré. On vit alors l'eflet de toute liberté, dans un pays, et la fabrication florale, prit un aspect sérieux relativement aux époques précédentes.

On compte aujourd'hui, à Vienne, environ 131 fabriques de fleurs, feuillages, marchands d'apprêts et fabricants de plumes.

La fabrication repose sur le même système d'opération que les moyens employés à Paris, sauf un certain état de manipulation qui parait à nos yeux d'une époque arriérée.

L'industrie florale allemande n'a été représentée à l'Exposition de Vienne par aucune délégation.

Teinture

Les couleurs employées en Allemagne pour la teinture des fleurs et plumes a pour base les produits colorants d'aniline, qui, mélangés d'une teinte à une autre offrent au trempeur et au teinturier, les phrases de nuances qui lui sont désirables: le rose de safranum, le carmin et les poudres de Murexides sont employées aux mêmes conditions que nous. L'emploi du Murexide à l'état pâteux semble leur être ignorer, pour les bruns ou bruni, ils font au préalable un fond cerise, lequel est retouché noir à l'encre de Chine, pour fleurs ils font peu usage de noir au trempé, leurs métiers sont teints en plein à cet effet.

La teinture en noir pour plumes s'obtient dans les vingt-quatre heures, le bain dans son ensemble est ainsi préparé; on fait bouillir un mélange de noix de Galle et de bois d'Inde, dont on retire le bois après l'ébullition chacun dans leur proportion; ensuite, l'on ajoute à la décoction une certaine partie de sulfate de fer, et les plumes viennent ensuite se soumettre à la teinture, après le dégraissage réglementaire, les moyens d'opération pour le noir sont des plus variables; en général chaque teinturier oppose son systéme au premier contrevenant.

Les plumes d'autruche grises décolorées sont

celles employées à la teinture, le système de décoloration n'est la prise d'aucun brevet, et chaque plumassier obtient son dégradé.

Les bleus pour fleurs et plumes sont les nouveaux produits d'aniline; ils les composent à leurs convenances, les verts sont directs, pour le ponceau, ils l'obtiennent par bains composés, les nuances de fantaisie sont particulièrement plus répandues dans les plumes que sur la coloration des fleurs, les teintes courantes pour fleurs sont: rose, cerise, carmin, violet, maïs, blanc, quelques maisons essayent le genre de naturel en trempé, surtout dans les roses, mais le nombre excédant est plutôt favorable aux teintes ordinaires. Ils nuancent le velours, le satin, la peluche, le taffetas et autres étoffes de soie.

La partie du trempage dans une maison; ainsi que la teinture des plumes est faite par les fabricants eux-mêmes.

Chez les fleuristes, c'est principalement la maîtresse à laquel deux ou trois et plus souvent sept ou huit jeunes filles servent d'aide; telle mouille les coupes, telle étale les pétales, l'une frotte le carmin ou le murexide et ainsi chacune a son emploi secondaire. La maîtresse prépare les bains, les apprenties n'ont plus qu'à appliquer la couleur, l'enfant est occupée tant au trempage qu'à la confection des fleurs, ce qui arrive à admettre que l'usage du trempeur et du teinturier n'est pas encore arrivé à l'état de spécialité dans le corps de cette industrie à Vienne.

Apprêts et Feuillages

Les étoffes et matières premières les plus en usage pour fleurs sont le papyrus, le satin coton, les mousselines Nansouk et Suisse, les étoffes de soie sont celles mentionnées à l'article de teinture, pour les feuillages, les étoffes de jaconas et de percale sont toujours préférées.

Les moyens d'apprêts sont l'empois, la gélatine, la colle de poisson, la colle de peau, la gomme, en cela ils suivent notre mode d'opération, les doublures pour étoffe de soie, sont généralement la tarlatane pour velours et l'organdi pour satin, etc. La double face des métiers à feuillages est faite aux mêmes conditions que les nôtres.

Les couleurs employées pour feuillage sont la cochenille ammoniacale, le brun à l'alcali, les laques, le vermillon, le carmin, l'acide picrique, la gomme gutte, le jaune de chrome, le vert végétal Lamberti et différents verts bleus qu'ils mélangent avec les jaunes ci-dessus désignés, suivant les tons qu'ils désirent obtenir, le vert émeraude est trop coûteux pour leur fabrication et n'a son emploi que dans l'usage des couleurs vitrifiables pour peinture sur toile ou porcelaine.

Les métiers de teinture sont plus employés et

l'étoffe est teinte avant l'apprêt, ces métiers sont apprêtés à l'empois ainsi que les étoffes pour fleurs.

Le double facé vert sur fond déblanchi a peu de succès, le double face vert sur fond de couleurs, est dû à l'application suivante : une feuille quelconque est découpée dans un métier vert uni, sous l'envers de cette feuille on applique une feuille de papier de couleur de teinte que l'on veut reproduire soit rouge, violet et autres qu'on a soin de coller sous la feuille de percale, ensuite la pression du gaufré à la presse imprime sur le papier les fibres de l'étoffe, en sorte que le double face de papier semble vouloir passer pour telle, les ombrés verts sont peu fréquents, ils ne retouchent principalement que les feuilles à brunir, l'ombré brun autour est reproduit sur l'envers et l'endroit de la feuille, ce genre de retouche donne plusieurs suppositions à savoir si ces brunis sont trempés, s'ils sont ombrés des deux côtés, ou bien encore celle-ci serait si les métiers sont bruns et retouchés verts en laissant la réserve brune autour ou sur les côtés de taches, ces trois données sont toutes applicablee, et ce qu'il y a de certain, c'est que le fond vert de feuille n'est qu'une application de vert sur fond brun plus ou moins foncé, j'ai fait l'expérience d'enlever la cire de la feuille à la benzine, puis j'ai décoloré la teinte verte et le fond s'est retrouvé brun, reste à savoir en pratique, le plus ou moins onéreux de ces moyens, quelques essais lithographiques pour feuillage, paraissent n'être l'attention que d'un ou deux fabricants, pour certaines feuilles, ils font usage d'un genre qui paraît être plaqué et qui n'est qu'une espèce de composteur appelé vulgairement coup de poing, ils se servent aussi fréquemment de plaques pour reproduire les auréoles et même les panachés, les quarts de brosse sont peu employés, les bains de cire sont composés de même que les nôtres et suivent la fabrication qui leur est demandée, ils employent des cires de plus ou moins bonne qualité, avec les différents mélanges qui nous sont connus en faisant la dissolution au bain-marie.

Le féculé, le velouté, l'emploi des vernis, les poudres de bronze, le jais, les poudres métalliques de toutes nuances, le feuillage en étoffe trempé, le paillon, enfin tout ce qui constitue l'article de fantaisie leur est en usage, le feuillage courant leur est plus favorable, les travaux de fantaisie sont grossiers. La fabrication des arbustes et genre naturel est le moins expérimenté, peu de maisons s'en préoccupent, le personnel employé aux feuillages est ordinairement exécuté par les femmes, dont la majeure partie des ouvrières ne sont que des fillettes, le découpage et l'apprêt des métiers pour feuillages est fait par un ou deux ouvriers au plus, les ouvrières font les ombrés, le panaché, le ciré, gaufrent à la presse, renforcissent, montent et font enfin l'ouvrage de véritables feuillagistes.

Outillage et Installation

Le découpage des pétales et des feuilles à l'aide d'emporte-pièces est appliqué sur un billot de bois, les travaux délicats sont seuls découpés sur un plomb pesant de 15 à 20 kilogrammes et peu de fabricants en possèdent, les pétales et les feuilles sont découpées en coupe de 8, 16 et quelquefois 32, l'emporte-pièce est de même conformation que les nôtres, la coupe se retire au moyen de repoussoirs en fil de fer, les presses à gaufrer sort mignonnes et ont peu de valeur mécanique, le système de pression est le même que le nôtre, les cuvettes et les gaufroirs sont généralement en cuivre, les pinces, les outils boules, les métiers à apprêter, etc., sont tous faits sur nos types,

pour couper les laitons à feuillages, ils font usage d'un couperet mobile qui se lève et se baisse à volonté dont la lame repose sur une planchette et entre lequel des deux on place le laiton.

Pour le séchage des pétales les châssis ou claiettes sont suspendus en l'air sur deux cordes, le séchoir monté en bois n'entre pas dans leur fabrication, le gaufrage à chaud s'opère au gaz dans les maisons bien agencées, soit pour les boules, les pinces et les plaques pour la presse.

Pour le plumassier le couteau à friser, celui à couper et à (1) racler la côte des plumes, les lon-

---

(1) Les plumassiers, à Paris, ont remplacé, depuis un certain temps, le couteau à racler la côte des plumes, par l'usage d'un morceau de verre, ce dont les Allemands ne servent pas.

gues aiguilles pour monter, ainsi que les ciseaux
tout est semblable à nos outils.

L'installation des ateliers pour fleurs est assez
vaste ainsi que ceux pour la fabrication du feuillage,
tout est placé suivant la convenance du local, les
ateliers n'ont rien de sérieux à être mentionnés, le
laboratoire pour la teinture des plumes est généralement au rez-de-chaussez, aucun appareil ou usten-
sile ne m'a paru remarquable.

Personnel de Fabrication

Dans l'exécution des fleurs et des feuillages,
ainsi que je l'ai désigné, les hommes ne sont employées qu'aux apprêts et aux découpages et en
faible proportion, car plus journellement ce sont
les fabricants eux-mêmes qui ébauchent les travaux fins et préparent les substances dont on doit
faire usage, dans la fabrication il y a peu de spécialités distinctes ; on ne pourrait comprendre que
le fleuriste et le feuillagiste ; pour les fleurs, on ne
comprend que deux genres, l'article tout à fait
commun qui sert pour ornement et celui dont on
fait usage en parures.

Pour le plumassier, le fabricant teignant ordinairement lui-même, ce titre n'est donné qu'aux
ouvrières qui travaillent indistinctement aux ouvrages de fantaisie et aux belles plumes simples,

les ouvrières fleuristes font également toutés les fleurs.

Les marchands achètent presque entièrement leur articles tout montés, quelques jeunes filles sont préposées à la vente.

Affaire commerciale

Les marchands de fleurs, feuillages et plumes, à Vienne, tirent en grande partie, leurs articles de Paris qui sont cotés à un prix plus élevé que ceux fabriqués en Allemagne, un article est-il intitulé mode de Paris qu'il est soumis à des faveurs sans nombre, et il est acheté par la haute société sans discussion. Plusieurs commissionnaires de Paris font les voyages d'Allemagne, et là, ils livrent nos produits qui sont ensuite vendus à un taux exorbitant, tel qu'un article qui m'était connu fabriqué à Paris, vendu de 5 fr. 50 à 6 fr., je retrouvai le même article en Autriche vendu 12 florins, c'est-à-dire 30 fr. dans une fabrique viennoise, j'en voyais la copie, aussi conforme qu'elle pouvait l'être vendue 3 fr., là se trouve une question, je la résumerai dans un autre article.

Le marchand fait peu l'exportation, il vend pour la ville et a toujours une clientèle qui lui est assez régulière. Le fabricant au retour de chaque saison s'intéresse des nouveautés récentes et achète au commissionnaire voyageur de Paris, les modèles

qu'il croit devoir imiter, dans ce genre d'achat
les feuillages viennent plutôt de Berlin, les fleurs
de Paris ; pour les plumes ce sont eux en partie
qui créent leurs modèles, ne laissant pourtant pas
de côté les innovations de fabrique parisienne. Les
fleurs, feuillages, fabriqués à Vienne, s'exportent
en Egypte au Caire, à Smyrne et dans tout l'Orient,
les plumassiers exportent leurs produits dans tout
le nord de l'Allemagne, après les riches panaches
et diadèmes pour dames, ils confectionnent des
articles extra-communs, qui sont employés à la
parure des hommes ; les Hongrois, les Croates, les
Slaves, les habitants de la Bohême, la Moravie, le
Tyrol, la Pologne allemande, etc. Tous ces pays
font usage de bouquets de plumes à leurs chapeaux,
et on peut évaluer le chiffre d'affaires de l'industrie florale, en Autriche, à une valeur de plus de
3,000,000 de francs environ, dont un tiers profite
à la main d'œuvre. Pour le prix de vente, les
articles que j'ai rapporté de Vienne en ont donné
la mention. Le fabricant vend directement au lieu
de consommation, à part quelques clients peu sérieux qui viennent acheter en détail.

Le fabricant, vis-à-vis de son acheteur ou de son
commissionnaire, vend ordinairement à l'échéance
de trente jours, sans soumission d'escompte ni
d'échantillons, et la facture acquittée est toujours
payée intégralement, sans retenue de centimes.
La vente au comptant a un boni de 2 0/0 d'es-
ompte. Si le payant solde en monnaie d'or, et que

ce métal soit en prime, le recevant tient compte de l'agio, et l'exprime sur le montant de la quittance. L'or français est très-recherché, et bénéficie à de plus hauts intérêts dans les payements. L'acheteur commissionnaire, venant en fabrique directement, l'emploi de placier est futile : c'est à peine si deux ou trois maisons possèdent ce luxe d'employé.

A Vienne, on remarque le placier à une enveloppe d'étoffe verte, appelée toilette, dans laquelle quatre ou cinq cartons sont déposés. Enveloppe et cartons à fleurs sont portés en paquet sur le derrière de l'épaule sans trop de précaution. (Ce genre de colportage rappelle un peu les cordonniers allant livrer leurs commandes.)

Les livraisons se font également par le même système.

Provenances et Matières premières pour la fabrication

Les étoffes tissées à l'usage des fleurs et des feuilles, les outils gravés, les matières de teinture et la généralité des métiers à feuillage double face, ainsi que les apprets pour fleurs et montures, leurs sont expédiés de Berlin. La capitale de la Prusse achète elle-même en première main, ces diverses productions en France. Pour ce qui est des nouveautés, soit pour le goût, la forme ou l'innovation tout est copié sur les articles de Paris; le plumassier tire ces plumes brutes des marchés de Londres, il en obtient aussi depuis quelques années de Paris où il y a un dépôt, à Vienne de la maison Gugenhaimer.

Le plumage des oiseaux le plus employé, sont les plumes d'autruche, de marabout, d'aigrette, de martin-pêcheur, de paon, de lophophore, de grebe, de poule, de coq et de colibri, etc., etc.

Salaires et Subsistances

Les ouvrières employées à notre industrie sont généralement nonrries et couchées, les ouvriers si toutefois on peu les appeler ainsi, car à vrai dire, il n'y en a pas, le principal objet de leurs fonctions consiste plutôt à faire les courses, à livrer et à entretenir l'intérieur de la maison, et aux heures inoccupées, au dehors ils fournissent à la fabrication les travaux déjà mentionnés.

L'heure de travail à la journée est peu observé, suivant l'ouvrage à débiter on travaille.

Le travail à façon est rare, si ce n'est que pour ce qu'ils appellent leurs premières mains, tous les travaux sont faits à l'atelier, la moyenne des salaires compris la nourriture et le couché est pour les femmes de 15 florins par mois ce qui équivaut par jour à 1 fr. 25 c., les hommes ont une rétribution de 20 à 25 et 30 florins par mois, ce qui leur donne par jour un salaire de 1 fr. 65 à 2 fr. 10 c. et 2 fr. 50 c., l'apprentissage des enfants est exercé sans contrôle sérieux ; au bout d'un mois, s'il plaît à l'apprentie ou aux parents d'abandonner la fabrique, cela souffre peu de difficultés ; en général les apprenties sont en nombre dans les ateliers, elles y sont pour trois ou quatre années, nourries et couchées sans toucher la moindre rénumération ; chez les fleuristes elle débute toujours par la teinture, en étalant et lavant les vases et les soucoupes, si le coloris lui plaît, elle reste attachée au trempage avec le maître ou la maîtresse de la maison jusqu'au jour où elle s'établira et où elle trempera elle-même ; c'est par cette voie qu'il n'y a proprement dit de trempeurs employés à la teinture des fleurs ; on ne prend chez le feuillagiste que deux années d'apprentissage, elle dédouble les coupes, commence à renforcir, gaufre à la presse, et l'avenir la place à la table des couleurs, c'est là seulement que sa vocation prend naissance.

La plumassière commence rarement par la plume ; d'apprentie fleuriste elle devient ouvrière plumassière ; ce changement d'une partie à une autre lui est très-favorable en ce qu'elle est plus pate par ses doigts à saisir avec délicatesse les duvets dont elle dispose pour le travail des plumes parées et les articles de fantaisie.

La nourriture donnée au personnel paraît suffisante, pour nos goûts elle aurait peu d'attrait, le pain blanc viennois, si renommé à Paris, n'est goûté que dans les maisons extra-particulières et les hôtels pour les étrangers; le pain national est un mélange de seigle et de sarrasin qui donne au pain un ton noireâtre et un goût aigrelet, peu favorable aux personnes étrangères au pays; concernant les viandes, un plat qui semble être le nec plus ultra de la fine cuisine est un morceau de filet de bœuf ou de tranche grasse arrangée à l'instar de notre filet madère et dont le goût (qu'on me permette l'expression) me reste encore à la gorge; les oignons, les épices et la sauce sont en telle abondance que ce mets si gourmandé, ne ressemble rien moins qu'à un mironton manqué.

Le plat le plus commun est le salami qui consiste en quelques ronds de saucisson et, lorsque le fromage de gruyère vient faire nombre aux menus, on peut dire que c'est contraire à l'habitude quotidienne; le thé, le café au lait ou la soupe sont servis aux heures du matin, ainsi qu'au souper du soir qui n'est qu'une médiocre collation; le meilleur repas est à l'heure de midi.

La boisson si connue de la bière n'est pas en grande consommation chez les travailleurs autrichiens, car l'on boit et sert journellement de l'eau pure dans les familles, réunions, cafés, restaurants, théâtres, sans que personne n'y porte attention, en conséquence, cet usage est de rigueur dans les fabriques, hors exception fêtes et dimanches où les brasseries sont plus que pleines.

Le coucher a ceci de particulier : c'est que généralement les Viennois et les Viennoises sont d'une grandeur démesurée, et leurs couches est en contraste avec leurs personnes. Les lits sembleraient plutôt devoir appartenir à la race des Lapons qu'à la nature allemande. Que l'on se représente un lit de forme ordinaire dont le matelas du dessus arriverait à la hauteur du bois de lit. Où à Paris nos sommiers sont posés, nous voyons l'édredon et les taies d'oreillers, le lit se compose ordinairement d'une paillasse, d'un ou deux matelas de plumes. Les draps sont de si petite dimension, que vraiment on les prendraient pour des mouchoirs. Le drap du dessous est posé de même que notre habitude; celui du dessus est cousu sous l'envers de la couverture; seulement j'ignore quand il y a plusieurs couvertures, si elles sont toutes cousues ensemble; la couverture et le drap sont de même mesure, et à peine si les côtés du lit se trouvent bordés; à cela, le pied ne l'est pas du tout. Si le coucheur dépasse l'enveloppe qui lui est réservée, je ne vous donnerai aucun détail sur le tableau que doit offrir un dortoir de fabrique; je laisse à penser du coup d'œil. En tout cas, je m'étonne de leur développement physique avec ce ratatinage que la pudeur doit commander à la nature, dans cette condition si peu avantageuse au délassement que doit donner une nuit de bon sommeil.

Équité corporative

Les fabricants et marchands de fleurs, feuillages et plumes, en Allemagne, étaient, avant 1864, formés en société ou chambre syndicale, ayant pour but de soutenir les intérêts mutuels de chacun des adhérents et membres de cette industrie. Depuis, avec la liberté de s'établir sans privilége, les nouveaux fabricants et marchands se soucièrent peu d'adhérer à des statuts qui, pour eux, se trouvaient sans valeur, quoique la société exerce encore un pouvoir qui est devenu tout conventionnels; les anciens statuts ont été mis en réserve, et aucune impression nouvelle n'a paru à ce sujet.

Pour les ouvriers et ouvrières, aucune société n'est en fonction; ils vivent dépendant de leurs volontés. Quand aux études pouvant servir au progrès de leur production, la routine tient lieu de conseils. Le placement des ouvrières se fait par connaissance ; l'on cherche de maisons en maisons, jusqu'au jour où l'on trouvera une place. Outre cela, rien autre n'est à mentionner dans l'intérêt corporatif.

ÉTAT COMPARATIF

DES PRODUITS FRANÇAIS ET ALLEMANDS

ET DES DIVERS PAYS

Avec les moyens de fabrication que nous venons de décrire relativement à l'Allemagne, nous sommes plus à l'aise pour établir la véritable situation, au niveau qu'il appartient de dénommer.

Les articles français et allemands ont été jugés avec une égale justice, avec le même sentiment qui doit présider à une responsabilité aussi grave, si elle était dénaturée par un avantage interprété en faveur de l'un ou de l'autre, sans rechercher dans les détails dont il serait onéreux de parler, que voyons-nous en ouvrant le rapport des délégués à l'exposition universelle de 1867, à Paris. La fabrication française ou plutôt parisienne était à peu près seule représentée, et aucun pays ne paraissait prétendre à vouloir un jour combattre notre supériorité ou tout au moins se mesurer auprès de nos productions, et alors les deux Allemagnes, celle d'Autriche et de Prusse, se révélèrent par une abstention, car deux fabricantes de fleurs seulement représentaient ces deux pays et exposaient mutuellement des fleurs en papyrus.

Comme on le voit, on avait peu d'idée du genre de fabrication confectionné chez les Allemands, l'on aurait pu croire que les fleurs, feuillages et plumes étaient non pas ignorés, mais incapables de rivaliser avec nos articles.

Les autres pays tels que l'Angleterre, l'Amérique, la Russie, l'Italie, la Belgique et la Suisse se montrèrent également par une abstention complète.

Ces pays abstentionnistes nous laissaient-ils un mirage éclatant pour nous-mêmes qui, naturellement, n'étions contestés par personne, étant seul dans notre industrie représenté à cette exposition ; depuis cette époque bien des événements ont contournés les positions de chacun, et à l'exception de l'Autriche et de l'Allemagne, les autres pays sont encore sans autorité, s'étant abstenus en partie à figurer dans l'antre du progrès à l'exposition de Vienne.

L'Allemagne a certainement dû faire des efforts surhumains pour arriver en une période de six années, à produire tant d'exposants avec tant de produits, telle est la raison que beaucoup pourraient s'appliquer, au raisonnement, loin de là est le vrai côté de la question.

Les Allemands d'Autriche et de Prusse ont été plus simples, ils ont acheté en France les matières premières pour l'exécution, ils ont pris de même les premiers types à Paris, qu'ils ont transformé vu leurs moyens d'opération ; puis, bien pensant à la situation qui nous était faite par les allemands de Prusse, ils songèrent communément à leur tour à entrer en lice, ayant toujours cette idée que la France guerrière abattue se trouverait démoralisée et paralysée jusque dans les veines du travailleur, et quels ne furent pas leurs surprises et leurs regrets de nous retrouver au poste où, à un terme si peu éloigné, nous nous étions vu encore aux prises.

L'abstention de 1867 était-elle raisonnée pour mieux chercher, après nos désastres, à nous annéantir ?

Ces présomptions sont-elles fondées, réellement ? on ne peut percer le voile du mystère entre les différents peuples ; on ne peut que juger sur des faits prouvés, authentiques.

L'exposition Allemande nous offre cette année une concurrence où il est plus possible de rehausser la supériorité à qui de droit, dans l'art de notre industrie généralisée aujourd'hui en Europe.

En Allemagne, les produits sont communs, aucune confection n'atteste un bon goût d'exécution, tous les articles de fleurs et de feuillages sont imparfaits, non pas seulement dans les détails, mais l'ensemble est presque toujours surchargé d'effets choquants peu favorables.

Les types de fleurs et de feuillages répondent plus au genre de la commission à bon marché.

1***

Le genre naturel est loin d'être représenté en comparaison avec nos articles.

A Munich, le genre est très-ordinaire.

En Saxe, les fleurs et feuillages sont des plus communs, seuls les apprêts paraissent suffisants.

De Berlin, il y a peu d'articles exposés, et ceux que nous avons indiqués n'ont rien qui justifie un mérite à reconnaître ; un seul nom à mentionner est celui de la maison Gadicke qui, seule, a exposé un article très-appréciable.

A Breslau, nous voyons un genre courant en reproduction de fleurs.

Pour le feuillage, en voulant chercher à imiter le genre naturel, les Allemands se sont laissé aller à une sorte d'équivoque dans les tons et le panaché, ce qui dénature pleinement le naturel dans la copie.

Hambourg a des fleurs en papier de Chine et de riz assez bien réussies.

Les articles de plumes pour parures font entièrement défaut, dans toute cette partie de l'Allemagne.

En Autriche, le progrès est manifeste, en regard des produits de la Bavière, de Saxe, de la capitale de la Prusse et de la ville de Breslau.

A Vienne, les produits n'ont rien d'excessivement remarquale à notre égard ; les fleurs manquent, dans le coloris les nuances sont rarement fraîches ainsi que dans la teinture des plumes, la confection de fleurs est peu hardie, le travail ne précise rien, les gaufrures à la main sont sèches, le gaufré à la boule laisse toujours un plissé sur le bord des pétales.

A part les étoffes ordinaires employées, les exposants ont semblé mettre tout leur art dans l'imitation des fleurs avec le papyrus.

Au sujet de cette substance à l'usage des fleurs artificielles, les Viennois ont cru que nous ignorions ce genre de fabrication et même une certaine presse semi-officieuse a objecté qu'eux seuls en avaient le secret.

Cette expression de langage fut reproduite dans un journal à Paris, donnant des rapports sur l'avenir qui ouvrait cette nouvelle branche de fabrication en Autriche, cette assertion de bon plaisir est entièrement erronée, non comptant que chacun a pour soi-même cherché à travailler cette matière, des maisons que l'on pourrait appeler spéciales tiennent cet article qui n'est pas d'un usage très-usuel, ce genre de fleurs n'a sa place que dans les appartements, soit aussi dans les bouquets de circonstance ou pour parure de bal; quant à les admettre à la parure des chapeaux, je crois que peu de dames voudraient renouveler chaque jour ces fleurs trop précieuses; pour ce qui est du secret, si l'on veut faire allusion aux fleurs viennoises qui représentent des daturas, des géraniums, des azalées et autres, nos fabricants français ont certainement pensé que ces reproductions creuses n'étaient pas suffisamment interprétées pour les exposer. Cette raison est que les fabricants qui se sont attachés à reproduire des camélias avec cette substance pensaient que seule cette fleur avait toutes les qualités à être reproduite avec le papyrus.

La coloration des fleurs en papyrus, à Vienne, manque totalement de fraîcheur et d'application, et l'on peut juger par nos simples camélias, de la supériorité de nos nuances sur celles de nos concurrents.

Pour le feuillage le genre est ordinaire, aucune innovation sérieuse ne s'y révèle, les tiges de roses, les lierres panachés, les types de caladium, de Begonia, de fougère, dont j'ai fait l'achat dans la fabrique de MM. Elwert et Albrecht, représentent en partie les articles que cette maison avait exposé; on peut donc encore justifier avec nos produits la priorité de naturel et d'exécution qui nous est encore une fois acquise.

Les travaux de plumes exposés auraient plus d'harmonie que les fleurs et les feuillages, les panaches d'autruches sont plutôt suffisants dans leurs apprêts, les nuances simples sont plus généralisées, les plumes ombrées ont des fondus assez réussis, les teintes, dites glacées, se rencontrent peu dans les nuances de plumes, il y a toujours une teinte fauve qui nuit à l'éclat, les tons mélangés sont moins audacieux, moins francs que les nôtres.

Les articles de fantaisie en paon, grebe, lophophore, etc. sont, en général, d'un goût médiocre et mal compris.

Comme fantaisie nous n'avons rien à leur envier, après les nouveautés des exposants collectifs et de la maison Hiélard.

Les fantaisies viennoises, malgré elles, ont un aspect démodé qui compromet leurs avantages.

La maison Natté, au Brésil, pourrait seule donner des exemples de finesse, leurs produits naturels ont vraiment une délicatesse inconcevable, aussi devons nous lui reconnaître sa suprématie pour ses articles de fantaisie si joliment exprimés; mentionnons à ce sujet que Mlles Natté sont françaises, ce qui est à notre avoir.

Concernant les autres pays, la mention comparative serait futile, pourtant nous devons accorder un certain mérite aux articles de plumes des Indes anglaises et aux fleurs en cire des Etats-Unis.

La Chine, dans la confection de ses fleurs en papyrus, n'est pas sans avoir sa place au cercle européen.

L'Italie, le Portugal et Danemark sont insuffisants en production pour être classé par ordre.

L'Angleterre, les Etats-Unis, la Russie, la Belgique, la Suisse, sont encore des pays où l'industrie florale a de nombreuses fabriques; en cela, leurs abstentions ne nous donnent que l'Allemagne auquel notre analyse comparative doit se borner et se résoudre.

Comme on l'a vu, les productions faites à Vienne et en Prusse sont loin d'avoir tout l'éclat désirable et la comparaison de leurs produits, en regard des nôtres, nous donne un jugement que le plus intègre en notre faveur, serait forcé de nous accorder et que l'on se rapporte bien que les travaux d'exposition ne sont jamais de même condition que ceux qui se fabriquent ordinairement et que beaucoup seraient embarrassés à reproduire ce qu'ils ont fait une fois, donc tous leurs efforts ont dû être employés pour montrer ce dont ils étaient capables dans l'art d'imiter les fleurs et le feuillage, ainsi qu'à celui de faire connaître la valeur de leurs plumes parées.

Les Allemands ont exposé des monceaux d'articles, deux de leurs vitrines auraient suffit pour combler les nôtres, en voulant probablement remplacer la qualité par la quantité ; ils ont eu du médiocre, quoique cette infériorité soit profondément avérée, si on jugeait par les médailles obtenues ils seraient nos maîtres ; heureusement que l'influence des plaques de bronze ont peu d'effet sur notre supériorité inconstestable.

Avant de terminer cet article, je tiens à constater ceci : on a décerné à une maison de Berlin et de Muuich, ainsi qu'à une maison de Vienne, une médaille de progrès à chacun de ses fabricants ; tandis qu'en France, nous voyons accorder à quarante fabricants réunis une seule médaille de progrès.

Je soumets cette appréciation à vos consciences, en défiant au premier de ces messieurs, à produire un article semblable au dernier de nos fabricants; la preuve du fait que j'énonce est vraisemblable, puisque ces exposants exhibent des productions plus qu'inférieures à notre fabrication; ce qui donnerait aisément à penser que les récompenses ont été décernées pour des faits plus appréciés sans doute au dehors qu'au dedans,

' Deux faits caractéristiques peuvent clore mon énonciation, dans les plus hautes récompenses décernées à l'exposition de Vienne.

. M. Carl Hoffmann, dont l'influence est connue de l'industrie florale dans la capitale de l'Autriche, avait été sollicité à la faveur d'être nommé membre du conseil du jury; cet honneur accordé à un exposant lui enlevait tout espoir de récompense, en le mettant hors concours ; il refusa pensant certainement plus à la médaille de progrès qui lui fut acquise par reconnaissance à sa personnalité.

Un autre nom, M. Michaël Huttertrasser, président actuel de la chambre syndicale, à Vienne, n'eut qu'une médaille de mérite, pour avoir exposé des produits français; cette impartialité trop douteuse est déplorable quand elle est exercée à la face du monde entier.

Malgré toutes ces petites iniquités, nous avons fermement acquis une supériorité éclatante et les expositions antérieures où furent inscrits nos premiers succès pourront ajouter une nouvelle date mémorable aux années de 1819, 1823, 1827, 1834, 1839, 1844, 1849, faite à Paris, 1851 à Londres, 1855 à Paris, 1862 à Londres, 1867 à Paris, 1872 à Lyon, et 1873 à Vienne.

Ces époques sont le vrai témoignage que notre industrie a sans cesse progresser à travers les gloires et les misères de notre pays.

———

Il est certainement vrai que nous n'avons rien
à aller chercher dans la fabrication étrangère, jusqu'à présent nous ne voyons de nos concurrents
que des travaux grossiers, mal ébauchés, sans
connaissance de cette harmonie du goût, de la
grâce qui est chez nous le sentiment du beau, qui
fait suivre dans ses moindres détails de confection ;
un rien, un léger quoique ce soit qui anime, qui
embellit, qui fait vivre et qui donne à notre imitation une vérité frappante de la nature, si délais-
sant le genre naturel pour prendre l'article commercial, on retrouve encore des ravissements de
finesse, d'élégance, d'intuition qui fait encore préférer nos productions parisiennes sur les
marchés étrangers, les Allemands n'ont rien de
toute cette délicatesse qui est notre mérite et qui
nous vaut cette trop bonne sympathie de la part
des étrangers qui affectent des airs d'enjouement

4

pour nos articles, n'en n'ayant souvent soin que d'en acheter en faible quantité en les exportant chez nos voisins, leur donnant ainsi des modèles tout préparés auxquels tant bien que mal on cherche à rendre l'expression.

A l'étranger, le consommateur moins érudit, moins susceptible dans le fini du travail et méconnaissant le beau, le mieux fait, s'occupe ou feint à trouver dans l'article commun ce qu'il achèterait dans nos produits, s'il n'était fabriqué grossièrement chez eux, et comme toujours l'article bon marché vise à l'effet, on délaisse l'article de goût préférant avoir beaucoup pour peu, trop de fabricants français ont suivi et suivent ce genre de fabrication qui porte une atteinte grave à l'avenir de notre industrie,

Aujourd'hui sous prétexte d'amoindrir les commissions que prennent les étrangers à notre détriment on fait de la concurrence à la fabrication étrangère en faisant un genre lucratif abordable à tous ; ce qui résume qui nous imitons après nous être fait imiter.

A mon avis, ce système est un moyen de complète dépréciation de nos productions, laissons à chacun la charge de son œuvre et l'avantage s'il y en a, et poursuivons notre idée créatrice au lieu d'être concurrent ; faisons-nous en, ce sera une élévation plus grande, puisque le faîte, en sera plus difficile à ceux qui chercheront à le surmonter.

Les Allemands ont copié, voyez ce qu'ils ont

obtenu ; on objectera qu'ils ont abaissé l'article qu'ils prenaient pour modèle au lieu de l'élever.

Nos fabricants d'articles bon marché répondrons : nous faisons concurrence à l'étranger sur les articles communs étant sûr que nos produits sont mieux faits et à meilleur compte que les leurs.

Ce raisonnement tire trop à conséquence pour l'avenir à le laisser suivre son chemin.

Nous répondrons à notre tour que si l'industrie florale parisienne laisse péricliter son art de bien faire.

L'étranger, de son côté, ne pouvant plus tenir boutique d'articles extra commun, profitera de notre désuétude pour arriver à produire ce que nous croyons ne devoir plus faire et pensez bien que de notre exposition à Vienne, l'Allemagne en obtiendra des profits, qu'il ne faut pas perdre ; car toujours confiants, en France on oublie vite.

Sachons réfléchir pour ne pas retomber dans notre excès de générosité qui tourne contre nous.

Nous devons donc quand même tenir compte des travaux infructueux de l'Allemagne, s'il n'y a pas progrès dans l'art propre, il y a assiduité au travail et quoique l'exposition de Vienne nous affirme notre place au premier rang, il y a un progrès de consommation qu'il est impossible de nier et dont on doit méditer l'extension, et qui sait, on ne détermine jamais du sort du lendemain de succès en voulant le croire par tant de fois consacré, toujours durable et positif.

J'ose croire qu'en matière d'élégance ils sont fort loin de nous, tellement loin qu'ils n'y approcheront jamais, malgré tout il ne faut pas se leurrer en voulant trop compter sur soi-même, des preuves évidentes sont encore fixées à nos yeux pour ne plus nous bercer dans de telles illusions, nous ne sommes plus au temps des chimères.

Il nous faut travailler doublement pour surenrichir et garder notre mérite dont l'industrie étrangère nous crée des rivaux auxquels nous devons veiller afin d'éviter comme souvent, hélas, après avoir semé l'abondance, nous n'avions plus à récolter que l'ivraie pour fruit de nos labeurs.

Tandis que les malheurs accablaient notre pays, la sollicitude étrangère se comportait de telle sorte que l'on commissionnait en nombre sur les modèles que nous avait enlevé la confiance imprudente par nous accordée aux acheteurs qui n'étaient que les intermédiaires exploiteurs de nos idées.

Cette guerre néfaste a procuré pendant son laps de temps des relations et des débouchés que ne possédaient pas nos rivaux avant ces hostilités douloureuses, cela nous invite à redoubler d'ardeur et à augmenter notre vigilance ! Hâtons-nous pour avoir l'assurance qu'une autre fois nous brilleront avec plus d'éclat que de coutume au maintien de nos qualités sur le champ commercial et artistique.

Pour faire suite à mes considération je dois ajouter que l'appréciation des articles exposés allemands et français ont été élucidés à leur juste titre en signalant à part égale l'avantage ou la défectuosité qu'offrait le produit dans sa confection.

A ce sujet je me suis appesanti dans la description pour l'intérêt de tous, car je considère qu'il y a justice et urbanité à reconnaître et à mentionner le mérite à qui il est dû, sans pour cela faire acte de réclame à l'adresse de qui ce soit, et c'est presque superflu d'observer que le nom de l'exposant, outre certaines exceptions, n'est que la chose qui représente la valeur et non la valeur elle-même; par conséquent, s'il y a éloge sur un article, c'est indirectement au producteur que la reconnaissance est suggérée: ouvrier ou fabricant.

Pour le présent, cette mention détaillée de l'appréciation des travaux est une constatation de ce qui a été fait.

Pour l'avenir, c'est un champ d'étude qui devra servir à un nouveau point comparatif de progrès, surtout entre la France et l'Allemagne.

Sans doute; à une prochaine exposition universelle, verrons-nous à l'étranger, l'Amérique et l'Angleterre sortir du mutisme auquel le débit de fabrication florale devrait les mettre à jour, avec les autres nations qui s'y adonnent.

Relativement à la collectivité parisienne et à la part de récompense dont elle a été l'objet, différentes objections ont été émises, afin de satisfaire ceux qui ne le semblent pas.

Que l'on veuille ne pas croire que nous soyons à récriminer, certes non ; la monomanie veut souvent se réconcillier, avec ce qui n'a pas été fait ; comme on osait l'espérer, les expédients, les controverses, les sous-entendus et autres s'ingénient à avoir raison quand même, bien que nous ne voulions en rien modifier le sentiment porté par le conseil du jury, à l'égard de notre industrie ; nous voulons simplement préciser sur le mérite des récompenses, ainsi qu'il a été fait sur les articles exposés.

Au commencement de ce rapport, je faisais mention que l'analyse des articles rendrait compte d'une manière judicieuse si les récompenses avaient été décernées légalement ; j'ai suivi cette pensée intégralement, pourtant j'ose pouvoir faire exception en faveur de la collectivité.

Voici le raisonnement qui s'est accrédité, le jury n'aurait donné que la médaille de progrès au groupe collectif de Paris, sur la prévention qu'en donnant un *diplôme d'honneur*, les exposants collectifs se seraient crûs personnellement chacun avoir mérité ce haut prix, et c'est ainsi, vu le trop grand nombre d'ayants-droit, que le conseil du jury n'aurait donné que la première médaille, pour que personne ne pût s'attribuer individuellement le mérite dudit diplôme d'honneur.

Cette mention, à mon avis, est mal basée,

admettons le diplôme décerné aux exposants collectifs ; n'aurait-on pas pu également comme il a été fait pour la médaille de progrès s'attribuer simplement une part fictive à la récompense d'ensemble.

Cette idée, à mon sens, n'a pu être celle qui aurait empêché le jury de décerner le susdit diplôme à l'industrie des fleurs, feuillages et plumes de Paris, à tout il y a convention, en quel sens le mérite eut-il été reconnu.

Les membres du conseil ont sans doute vu chez les Allemands un progrès plus senti dans leurs produits que dans les nôtres ; oh ! à cela, il n'y a pas à médire, le progrès de l'industrie allemande est tout relatif, si c'est à ce taux là qu'il faut satisfaire pour obtenir une mention élevée, rien de plus facile, puisqu'étant les promoteurs progressifs nous n'avons valablement rien obtenu de sérieux ; peut-être en faisant marcher inverse serions-nous plus favoriser.

Si bien qu'en somme on abuse de nos vertus et nous assistons, en anachorète, aux jouissances que nous procurons à nos concurrents.

Pour obvier à des sentiments de diverses valeurs, la collectivité n'aurait dû être que la représentation de l'industrie parisienne et non celle de noms personnels, en cela elle aurait évité que monsieur un tel revendique pour son nom plus de succès ou de mérite dans la récompense accordée ; se trouvant devant une industrie, le conseil du jury aurait pu être plus logique; car, comment répartir exactement la médaille décernée; qui peut prouver aux yeux du jury que c'est tel article qui a poussé plus à la récompense que tel autre; en ne faisant aucune mention nominative le jury lui-même aurait été dans la nécessité où de donner une récompense vraiment méritoire, où alors de fausser le jugement de notre industrie en ne donnant qu'une médaille de progrès.

Malgré cela, je ne puis me résoudre à croire que le jury eut pensé qu'en accordant un diplôme d'honneur, tout un chacun exposant collectif aurait eu le droit de s'en emparer, si ce jugement eut prévalu; on aurait vu et on voit côte à côte le marchand et le fabricant possesseurs d'articles de même fabrication, et jouissant également l'un et l'autre d'un article que le fabricant seul aurait confectionné et dont le mérite du marchand serait de l'acheter et de le revendre.

INTERPRÉTATION

DES RÉCOMPENSES

La répartition des récompenses à chaque exposition, doit être la justification méritante des labeurs constants que les travaux exposés ont rendu. L'interprétation des récompenses a été ainsi résolue par la commission Autrichienne ; on a renoncé à la distinction des métaux, pour rendre plus exacte la prime accordée au mérite ; les médailles décernées par le jury sont donc toutes du même métal, elles diffèrent simplement par la suscription gravée et la légende ; quand à la valeur et à leur rang, elles sont toutes égales ; les médailles qui nous occupent sont celles que nos exposants ont reçues.

La médaille de progrès a été donnée suivant l'entente du jury, aux exposants qui avaient déjà pris part à des expositions universelles, antérieures, et qui pour les progrès constatés depuis la dernière exposition, auxquels ils ont pris part. Pour la médaille de mérite cette mention s'adressait aux exposants qui avaient pour la première fois exposé leurs produits à une exposition universelle et reçoivent en conséquence des mérites reconnus, au point de vue de l'économie nationale et au point de vue technique, ladite médaille.

La médaille de bon goût concerne tous les exposants dont les produits, remplissent toutes les conditions du goût élevé, tant sous le rapport de la couleur que sous celui de la forme.

La dernière médaille est de reconnaissance, ou de coopération; cette mention s'applique à ceux qui ont pris une part aux productions exposées.

Les exposants devaient donc fournir à cet effet tous les renseignements au Conseil du jury pour attester ce mérite, dû aux artisans industriels qui avaient prêtés leur concours.

La commission Autrichienne, pour s'accorder au moins avec elle-même, aurait dû suivre intégralement ce qu'elle envisageait au point de vue des prix à décerner ; à l'égard de l'Allemagne j'ai cherché, mais en vain, dans tous les catalogues possibles, je n'ai pu trouvé le nom des exposants qui ont obtenu, cette année, à Vienne et à Berlin, des médailles de progrès ; je consens pourtant à leur accorder leurs médailles, si le jury a vu dans leurs produits un progrès constaté depuis leur dernière exposition ; n'ayant jamais exposé, leur mention devrait donc tomber, vu leurs efforts, à la médaille de mérite, et auraient-ils même exposé une première fois, il eut fallu reprendre les membres du jury de 1867 pour agréer en connaissance de cause, si par les produits exposés en dernier lieu, ces fabricants avaient réellement acquis un progrès dans leurs articles.

Cette disposition, prise envers l'accord qui devait régner dans la répartition des récompenses, n'a été, on peut le dire, nullement suivie. Voit-on par exemple un de nos industriels cherchant depuis longtemps une innovation ou invention sublime, mettant dehors tout ce qui aurait pu être fait jusqu'à ce jour et qui, faute de moyens, n'aurait pu exposer en 1867, forcément d'après la règle adoptée par la commission Autrichienne, notre malheureux chercheur, malgré ces sacrifices et toute sa supériorité reconnue, serait placé au même rang et récompensé au même degré que les exposants très-justifiables de mérite, mais jouissant d'un progrès bien inférieur.

J'avoue que les récompenses comprises en ce sens ont peu d'effet à encourager les arts industriels, car, en voulant donner beaucoup, ils ont donné peu au véritable méritant.

Pour la médaille de reconnaissance ou de coopération, cette insigne nouvelle, réclamée depuis longtemps, devait avoir à l'exposition de Vienne la véritable signification qui lui appartenait d'accorder aux membres des industries qui avaient prêté leurs concours à des produits exposés; dans le fond, cette médaille, qui est la dernière, serait à certain point de vue place à la hauteur de celle du progrès, pourtant je vois avec peine que dans notre industrie la véritable reconnaissance acquise est décernée à l'exposant.

La coopération de l'ouvrier par son travail est en partie le plus grand mérite qu'ait fait l'exposant, et, en signe de ce désintéressement, aucun fabricant n'a jugé à propos de justifier sa reconnaissance publique, en indiquant au conseil du jury un seul nom d'ouvrier qui eût pu entraîner, par cette marque sympathique, un grand nombre d'autres travailleurs à l'encouragement progressif de notre art.

PROGRÈS DE FABRICATION

à Paris

Pour s'étendre véridiquement sur les progrès
de fabrication à apporter à l'industrie florale, plusieurs volumes seraient nécessaires. Je vais donc,
en conséquence, résumer sommairement les produits d'innovation qui ont le plus contribué à
avancer notre industrie dans ses travaux.

L'état progressif dont les résultats ont été exposés à Vienne, n'en sont pas la totalité, car à
part nombre d'exposants qui font vœux d'entretenir de leurs articles les expositions, ce dont on
ne peut que les louer, il ne faut pas oublier les
recherches des artisans du dehors, sans pouvoir
malheureusement citer leurs noms, ouvriers ou
fabricants.

Vers 1830, en raison des événements passés,
une sorte de révolution s'accomplit dans les usages;
et entrèrent pour quelque peu à créer un nouveau
genre dans les articles de mode.

Cette nouvelle voie fut propice à notre industrie qui a su produire des faits de production vraiment merveilleux, pour chercher à imiter la nature, ainsi qu'à satisfaire les goûts si inconstants de la mode. Il nous a fallu aborder toutes les matières malléables pour les fleurs et feuillages en innovant chaque fois une forme ayant son coloris particulier.

Les matières textiles employées jusqu'à ce jour à la fabrication des fleurs et des feuillages compris les genres de fantaisie et de naturel, sont pour les étoffes, la baptiste, le jaconas, le satin coton, le nansouk, la mousseline suisse, la percale, le crêpe, la gaze d'Italie, etc., etc. Pour les étoffes de soie, on compte le satin, le velours, le taffetas, la peluche, la faille, le gros de Naples, la turquoise, la chenille, etc., etc.

Pour les reproductions naturelles, les matières et substances suivantes sont usitées tant aux apprêts qu'à leurs préparations, tels que la baudruche, le papyrus, la peau de velin, le pain azim, le gutta-percha, la gélatine, le collodion, le caoutchouc, la thérébentine de Venise, la glycérine, l'huile de Ricin, la cire, la stéarine, le blanc de baleine, les vernis de tous genres, l'acétate de plomb, la fécule de pomme de terre ou de riz, le tapioca, l'amidon, le talc, l'argent en poudre, etc., etc.

Pour les acides, ils sont fort nombreux et tous très-connus, dans les articles de fantaisie, il n'y a aucune borne à donner aux innombrables produits dont on fait usage.

Dans les apprêts d'étoffe pour fleur et préparation, pour feuillage, soit à chaud ou à froid, ce sont l'empois cuit, la colle de peau, la colle de poisson, la gélatine, la gomme, etc., etc.

Depuis l'exposition de 1867, le progrès le plus acquis est celui relatif aux couleurs composées ; à cette époque, on n'avait guère employé les couleurs d'aniline que pour la reproduction des teintes naturelles, les mélanges les plus fréquents étaient ceux du violet ou rouge rubis qui donnaient tous les tons de dahlia désirable, la nuance verte était aussi l'objet d'un mélange de vert de lumière avec addition d'acide picrique ; le brun d'aniline qui eut un certain succès, fut le premier mouvement donné aux couleurs dites de mode. Depuis chacun s'est innové à créer des nuances d'une fantaisie parfois ridicule, mais la mode bizarre accepte aujourd'hui sans sourciller ces nuances fantasques.

Loin de moi de vouloir m'élever contre ces fantaisies grotesques qui sont le mérite du teinturier et du trempeur, vu certaines difficultés de combinaison à produire en un bain simple différents composés.

Outre ces nuances bâtardes un fait nouveau et d'un progrès pour nous, est l'avénement du bleu à l'iode appelé bleu paon, dérivé également des produits de la houille ; cette couleur nouvelle mélangée avec les acides et d'autres produits, on en extrait des teintes dites turquoise, sèvre et bleu ciel que l'on modifie suivant le degré de ton que l'on veut obtenir, autrefois il fallait chercher dans l'usage des pâtes et des poudres frottées de l'outre-mer du cobalt, de l'indigo, des cendres bleues et autres, en ayant le blanc de zinc pour affaiblir la nuance toujours trop élevée de ces bleus dont l'em-poi était autant onéreux qu'il était désagréable.

Le vert à l'iode direct ou vert paon est aussi une nouveauté récente, pour le noir d'aniline nous sommes encore forcé d'attester son infériorité auprès des autres matières colorantes ; traité par l'ammoniaque, il acquiert un progrès consistant plus sensible mais trop restreint pour son appli-cation aux moyens usités dans le trempage des pétales ainsi qu'à la teinture des plumes, il con-vient mieux à produire une nuance ardoise et à former un genre de gris.

La nuance ponceau directe et par application sur toute étoffe est aussi depuis longtemps l'objet d'étude constante de quelques-uns, jusqu'à pré-sent tous les essais connus sont sans résultats pra-tiques.

Les moyens qui m'ont paru le plus propre à cette formation sont, en prenant pour base la ma-tière colorante d'aniline, appelée jaune de Perse qui, en tournant cette couleur avec l'alcali fixe ou huile de tartre, soit dans le bain teinture ou dans l'eau à mouiller au préalable, on obtient un ponceau suivant le degré de force dont on a fait virer le bain primitif.

Si j'indique ce procédé qui m'est personnel, ignorant les secrets de ceux qui croient l'avoir obtenu, c'est à l'effet d'encourager mes confrères, en teinture à pousser au plus loin leurs recherches dans l'application directe de cette couleur, afin de réduire l'emploi du carmin qui est d'un prix très élevé en même temps qu'il est d'un usage aussi sale que désagréable.

Pour la nuance ponceau on fait usage de la phosphine dont la matière colorante a plus d'affinité sur les étoffes de soie et la teinture des plumes que sur les autres textilles, M. Luthringer, de Lyon, a pris au mois d'août 1867, un brevet pour l'application du ponceau, il l'obtient par une une métamorphose de la fuchsine, c'est-à-dire par la transformation de cette dernière, au moyen d'une oxidation directe la matière colorante est solubre dans l'eau acidulée, ainsi que dans l'alcool et se fixe avec beaucoup de facilité sur les textiles.

Le procédé de M. Luthringer n'est pas encore parvenu jusqu'à nous, nous ne faisons donc que la mention de sa découverte sans pouvoir résoudre de son affinité dans notre emploi pour la teinture des fleurs et plumes.

La nuance cerise a été aussi obtenue directement sur soie, il y a à peine deux années, quoique avant son apparition on l'obtenait par une addition

de curcuma joint au rouge rubis ; l'action du ter-
rea-merita fait virer le bain à une nuance cerise
très-belle qui sert encore aujourd'hui à la reproduction des teintes capucines.

Un aperçu historique des couleurs d'anilines
doit rendre un témoignage de reconnaissance aux
hommes de science qui nous ont cédé l'emploi de
ces magnifiques reproductions tinctoriales à l'imitation des teintes naturelles des fleurs, ainsi
qu'aux mélanges qui en sont dérivés.

En 1825, Faraday, célèbre physicien et chimiste
anglais, découvre dans les produits condensés du
gaz d'éclairage, un nouveau carbure d'hydrogène
auquel il ne donne aucun nom.

Quelques années après un chimiste allemand,
M. Mitschlich, obtint ce même carbure d'hydrogène
en décomposant l'acide benzoïde par la chaux ou
la baryte et lui donne le nom de Benzine et en
1834 le transforme en un composé nitré possédant
l'odeur d'amende amère.

La matière coûteuse dont cette benzine et ce
composé nitré, odorant, était obtenu ne permet-
tait pas de songer à leur emploi industriel, aussi
furent-ils longtemps à l'état de produits scienti-
fique et curieux.

En 1842, Leigh, de Manchester, découvre la
benzine dans l'huile de houille, en 1845, M. Hoffmann en démontre l'existence dans le goudron du
gaz.

Mais ce n'est qu'en 1847 que Mansfield prouve

pratiquement toute l'importance du goudron de la houille comme source économique de benzine, et par suite de nitro-benzine la fabrication industrielle de la benzine fut faite d'abord en Angleterre par Mansfield et introduite en France par l'initiative de M. Pelouze, y devient populaire en 1848-49, sous le nom de benzine Collas.

La nitro-benzine fabriquée industriellement en France, d'abord par M. Collas et Larocque, puis par M. Larocque seul, devient un article important de la parfumerie.

En somme, le dégraissage des étoffes et la parfumerie furent jusqu'en 1856, les seuls emplois sérieux de la benzine et la nitro-benzine.

Avant d'aborder la transformation de la nitro-benzine en aniline, il est nécessaire de rétrograder à une époque antérieure.

En 1826, A. Unverdorben, chimiste suédois, trouve dans les produits de la distillation sèche de l'indigo une base qu'il nomme kristalline.

En 1834, M. Runge découvre cette même base dans l'huile de goudron et lui donne le nom de kyanol.

En 1840, M. Fritzsche démontre que l'acide antharanilique, corps dérivé de l'indigo, se dédouble en acide carbonique et en un corps basique qu'il appelle aniline (d'anil signifiant en portuguais indigo).

En 1842, M. Zinin, savant chimiste russe, faisant agir le sulfhydrate d'ammoniaque sur la nitro-benzine, M. Mitscherlich obtient par cette voie de réduction une base à laquelle il donne le nom de benzidam et dont l'identité avec l'aniline est immédiatement constaté par M. Fritzsche.

En 1843, M. Hoffmann démontre la kristalline d'Unverdorben, le kyanol de Runge, l'aniline de Fritzsche, et le benzidam de Zinin, sont une même substance, une même [base, à laquelle il conserve le nom d'aniline ; M. Zinin le premier transforme donc la nitro-benzine en aniline, par un procédé sûr mais long, ennuyeux et coûteux.

Ce n'est qu'en 1859 que M. Hoffmann d'abord et M. Béchamp ensuite, font connaitre un procédé de réduction de la nitro-benzine par l'hydrogène naissant au moyen de l'emploi du fer et des acides chlorhydrique ou acétique, procédés encore employés de nos jours et qui ont permis et permettent encore d'obtenir industriellement, économiquement et en grande quantité l'aniline nécessaire à la fabrication des couleurs dans lesquelles nous allons maintenant entrer.

En 1834, M. Runge en faisant connaître son kyanol indique la propriété que possède ce corps basique de se colorer en magnifique violet sous l'influence du chlorure de chaux et en rouge pourpre par le chlorure d'or.

En 1840, M. Fritzsche observe la couleur bleue foncée produite par l'action de l'acide chromique sur l'aniline.

En 1843, M. Hoffmann indique dans ses remarquables travaux sur les dérivés. de la houille, la coloration rouge produite par l'acide nitrique sur cette même base.

En 1844-45, M. Fritzsche démontre que par l'action d'un mélange de chlorate de potasse et d'acide chlorhydrique on obtient un précipité d'un beau bleu indogo.

En 1850, Berzelius indique la coloration violette produite par le potassium sur l'aniline, les colorations rouges, roses et bleues qui sont produites par la calcination ou exposition à l'air de divers sels d'aniline par l'action du sulfate ferrique et de l'acide chloreux, sur cette même base par celle des acides sur l'acide sulfanilique.

En 1853, M. Beissenhirtz décrit le premier la couleur résultant du mélange de l'aniline avec le bi-chromate de potasse et l'acide sulfurique concentré, réaction qui, trois ans après, devait servir de point de départ entre les mains habiles de M. William-Henri Perkin, jeune chimiste anglais, élève de M. Hoffmann, et à toute l'industrie des couleurs aniliques; c'est donc à lui que revient l'honneur d'avoir le premier mis en évidence la valeur industrielle de l'aniline.

Le premier, il isola la matière colorante violette produite par la réaction, déjà signalée en 1853 par Beissenhirtz, et démontre qu'elle constituait une couleur capable d'être fixée sans mordant sur fils et tissus de soie et de laine.

Depuis 1856 et 1857, des travaux sans nombre

ont poursuivi l'extraction des colorants dans les produits de l'huile de goudron de houille, ce résidu si encombrant autrefois, des usines à gaz et duquel on extrait les essences légères qui subissent divers traitements pour en obtenir de la benzine pour le dégraissage, l'application du caoutchouc, etc., etc., l'acide phénique pour la fabrication de l'acide picrique et la désinfection, et le benzole, matière première de la fabrication de l'aniline, ainsi que la naphtaline dont on a extrait une matière colorante rouge et beaucoup d'autres couleurs; mais aucune n'ont la stabilité des couleurs d'aniline.

Bien avant l'apparition des couleurs d'anilines signalées scientifiquement par les Runge, les Fritzsche, les Hoffmann, les Stenhouse, les Beissenhirtz, les Natanson, les Perkin, on voit apparaître l'acide picrique ; le premier dérivé coloré extrait de la houille, signalé pour la première fois en 1788, par Hausmann, l'acide picrique n'est obtenu seulement avec l'huile de houille qu'en 1834, par le docteur Runge.

Cette préparation reprise et étudiée à fond par Laurent, en 1841, devait servir de point de départ, en 1849, à la fabrication de l'acide picrique entre les mains de M. Guignon jeune, teinturier de Lyon.

L'acide picrique n'avait jusqu'à cette époque reçu aucune application industrielle ; on s'était contenté d'indiquer par ses propriétés saillantes, celle de colorer la peau en une couleur jaune, brillante et solide.

Depuis cette époque, les perfectionnements dans la préparation de l'acide phénique et l'obtention de cet acide à l'état de pureté, modifièrent très-sensiblement la fabrication de l'acide picrique et abaissèrent considérablement son prix de revient.

Mais jusqu'en 1856, l'acide picrique fut le seul corps coloré dérivé de l'acide phénique qui était fabriqué industriellement.

J'arrête ici la nomenclature des couleurs dérivées de la houille qui, chaque jour, tendent à fournir au commerce des nouveautés de nuances toujours surprenantes par leurs variétés et leur simple application sur nos étoffes pour fleurs, ainsi qu'à la teinture des plumes.

Outre ces produits colorants qui sont les plus employés dans notre industrie, nous avons à mentionner l'emploi plus fréquent des couleurs de murexide résultant de l'oxydation de l'acide urique que l'on extrait du guano et des excréments soit de pigeons, de serpents et autres, cette matière colorante, en pâte et à l'état de précipité, offre un effet velouté dans son application sur les pétales de fleurs artificielles ; pour la teinture des fleurs et des plumes, le rose de safranum ou rose végétal, est un des produits colorants assez usité ; je pense donc qu'il est utile d'en indiquer sa préparation.

Le rose végétal est extrait de la fleur du carthame qui croît dans le midi de la France, la Hongrie, l'Espagne, l'Egypte, l'Amérique du Sud et les Indes ; il en existe deux variétés, l'une à grandes et l'autre à petites fleurs ; aussitôt la floraison, on enlève les fleurs et on les fait sécher à l'ombre, soit immédiatement, soit après les. avoir pétries dans l'eau, afin d'enlever la plus grande partie de la matière colorante jaune qu'elles contiennent.

Le carthame renferme deux matières colorantes, l'une jaune, l'autre rouge, qui est seule employée dans la teinture, on enlève la matière colorante jaune qui est salubre dans l'eau, en introduisant le carthame dans un sac en toile que l'on malaxe sous l'eau jusqu'à-ce qu'il ne se dissolve plus rien ; le carthame, de jaune rougeâtre qu'il était auparavant, devient d'un rouge clair et perd dans cette opération presque la moitié ; on malaxe ensuite le résidu dans un poids de carbonate de soude égal au sien et quinze fois son poids d'eau de pluie : on l'exprime et on achève de le layer avec une petite quantité d'eau ; la matière rouge se dissout ; on passe à travers une toile serrée, on place dans la liqueur des échevaux de coton, puis on la sature par de l'acide citrique, la matière colorante rouge se précipite à l'état d'une grande pureté sur le coton, on le sèche, on le lave, puis on le traite de nouveau par une dissolution de carbonate de soude renfermant cinq parties d'eau en poids pour une partie de carbonate de soude cristallisé qui redissout la matière colorante que l'on précipite alors par une [dissolution d'acide citrique; le dépôt se fait lentement, on le lave bien à l'eau froide, et on le dessèche ensuite sur des tasses de porcelaine.

La meilleure qualité a une couleur verte de paon, brillante, ayant une odeur dominante de citron. Une espèce plus inférieure est d'un rouge brun et a une odeur désagréable.

Le carmin, nuance si éclatante et si vive, est un composé de la matière colorante de la cochenille, d'une matière animale qui y est également renfermée et des éléments du sel qu'on y ajoute pour en déterminer la précipitation.

On connaît plusieurs recettes pour préparer le carmin, mais aucune d'elles ne suffit pour rendre certaine la réussite de ce travail délicat, car son succès dépend beaucoup de certains détails qu'on ne peut acquérir que par une longue expérience.

Pour la composition du carmin ordinaire, on prend 256 grammes de cochenille en poudre, 7 grammes de carbonate de potasse, 16 grammes d'alun pulvérisé et 7 grammes de colle de poisson. On fait bouillir la cochenille avec le carbonate de potasse dans une chaudière en cuivre contenant 20 litres d'eau, et, au cas où l'ébullition est trop vive, on la tempère en ajoutant un peu d'eau froide. Après quelques minutes de l'ébullition, on enlève la chaudière et on la place sur une table en l'inclinant de manière à pouvoir transverser commodément la liqueur; on y jette l'alun pulvérisé, et on remue le tout avec précaution. La liqueur, auparavant d'un rouge cerise foncé, change aussitôt de couleur et devient d'un rouge vif de carmin. Au bout d'un quart d'heure, la cochenille s'est complétement déposée au fond, et la liqueur est tout aussi claire que si elle avait été filtrée. On la décante alors dans une autre chaudière de même capacité que l'on met ensuite sur le feu, après y avoir ajouté de la colle de poisson préalablement dissoute dans beaucoup d'eau et passée au tamis de crin. Au moment de l'ébullition, le carmin monte à la surface sous la forme de coagulum, tout à fait comme dans la clarification des liquides par le blanc d'œuf. On retire aussitôt la chaudière, on en agite le contenu avec une spatule, puis on l'abandonne à lui-même. Au bout de quinze à vingt minutes, le carmin s'est déposé : on décante, on fait égoutter le carmin sur un filtre en toile fine et serrée, on le lave à l'eau et on le dessèche. Si l'opération à été bien conduite, le carmin sec obtenu s'écrase facilement sous les doigts. La liqueur dont le carmin s'est précipité est encore très-fortement colorée en rouge et peut être avantageusement employée à la préparaticn des laques carminées. On obtient aussi un beau carmin par le tartre. Le carmin chinois est également composé au moyen d'autres opérations.

Après les couleurs que nous venons de décrire et qui sont en partie la reproduction des travaux de MM. Château, Leuch et Laboulaye, je ne puis continuer la nomenclature des couleurs employées à la teinture des fleurs, plumes et feuillages, vu déjà la longue énumération de ce rapport. Quoique cela, je dois mentionner, pour l'emploi du feuillage, le vert Guignet, qui a des avantages sérieux de bon marché envers le vert émeraude.

La préparation du vert Guignet consiste à porter au rouge sombre un mélange d'acide borique et de bichromate de potasse avec addition d'une certaine quantité d'eau, qui prend part à la réaction. En traitant la masse par l'eau, le borate de chrome qui s'était d'abord produit se décompose en sel sesquioxyde bihydraté, lequel constitue le nouveau vert en acide borique qui entre dans la fabrication.

Le progrès le plus sérieux apporté à la fabrication des feuillages, en tenant compte des meilleurs résultats qu'obtiennent nos ouvriers dans l'emploi des couleurs, est celui des apprêts. Les étoffes double face, répandues depuis une dizaine d'années, offrent un travail presque tout fait et rend à merveille l'expression naturelle des feuilles.

Le féculé a gagné également dans son application, en remplaçant l'usage du tamis par le velouté au blaireau et à la brosse. Cette innovation, sortie de la maison Lombard, se rapporte à la même date que celle des étoffes double face. L'ombrée à l'éponge est exercée par quelques ouvriers, qui s'en servent adroitement. Cette substitution à la brosse, dite orientale, est due à M. Ménage. En somme, le progrès le plus marquant pour le feuillage est l'extension qu'a pris depuis 1867 la fabrication du feuillage pour arbuste et genre naturel.

Il faut également citer le plus grand usage des feuillages trempés en satin et satin coton, et aussi celui de mousseline ; la plus grande variété de nuances apportées dans les fécules teintes aux couleurs d'aniline qui offrent aux feuilles des reflets changeants.

Pour la fabrication des fleurs, nous mentionnerons une meilleure exécution dans la confection des fleurs en satin, exécution qui a aujourd'hui une part très-active pour les fleurs de mode d'hiver. Le velours a beaucoup perdu, vu sa cherté.

L'emploi des couleurs est plus usuel, et l'on voit un grand progrès dans leur application. Depuis ces dernières années, la petite fleur ayant pris le dessus, les grosses fleurs ont eu peu de succès. Les fleurs panachées sont toujours rares dans la fabrication ; pourtant quelques maisons ont des produits de ce genre qui sont remarquables. Entre parenthèses, l'exposition de nos fabriques à Vienne nous montre une absence complète de reproduction de fleurs panachées. Il est à déplorer que ce travail ne fût pas encore compris de tous. Nous invitons donc, pour la prochaine exposition, à ce que nos fabricants et ouvriers nous montrent des travaux de ce genre, car ces travaux, étant les plus difficultueux, sont les plus beaux lorsqu'ils sont bien réussis.

Pour le plumassier, nous avons à constater l'emploi avantageux des plumes décolorées. Cette invention, dont le procédé est breveté, permet d'avoir des plumes d'autruche à meilleur compte pour être soumises à la teinture.

Cette invention est la prise d'un brevet de 15 ans, en date du 14 novembre 1865 et qui, depuis, a donné lieu à de nombreux faits de saisie des plus déplorables, et ont accumulé une certaine animosité contre les possesseurs du brevet. Il ne m'appartient pas de juger qui peut avoir raison entre les différends qui se sont produits relativement aux plumes décolorées, mais que MM. Viol et Duflot me permettent une réflexion de bonne courtoisie : Étant seuls possesseurs du monopole ayant trait aux plumes décolorées, chaque plumassier est forcé de s'adresser à leur maison pour obtenir de ces articles, qui sont à meilleur compte. Étant obligé de se tenir au taux de la concurrence pour traiter quelques affaires, comment fera le fabricant plumassier s'il ne peut obtenir ces plumes en quantités suffisantes? Pourtant il ne peut et ne doit pas perdre une commission faute que MM. Viol et Duflot ne peuvent fournir à toute la place. Que fait le fabricant? Il emploie les acides et obtient son décoloré lui-même, par ce fait que MM. Viol et Duflot ne peuvent lui en fournir. Ce fabricant leur porte-t-il préjudice? Non ! certainement, puisque ces messieurs ne peuvent lui débiter les commandes demandées. Dans ce cas,

4***

tout au contraire, MM. Viol et Duflot portent un grand dommage aux fabricants qu'ils poursuivent. Nous voudrions que cette mention fût réfléchie en cause commune, afin d'obvier à ces procès trop fréquents. MM. Viol et Duflot connaissent la solution à donner : il ne leur suffit que d'un peu plus de bonne volonté pour satisfaire leurs nombreux confrères.

Le système de décoloration breveté pour toutes espèces de plumes d'oiseaux est ainsi exprimé par les auteurs du brevet. Voici leur mode de procédé, décrit par eux :

« Nous blanchissons la plume en lui enlevant sa couleur naturelle au moyen de chlore gazeux ou en dissolution, au moyen des chlorures, au moyen des acides, et enfin au moyen des alcalis, soude, potasse, etc.; tous ces moyens employés ensemble, simultanément ou séparément. »

Le procédé qui a paru nous donner le meilleur résultat pour le blanchiment des plumes, à l'effet de leur enlever la couleur naturelle, est de tremper les mêmes plumes dans une dissolution faible d'acide azotique dans laquelle se trouve du chromate ou du bi-chromate de potasse. Les plumes trempées dans ce bain perdent leur couleur naturelle, et la matière colorante des barbes et de la nervure se brûlent, disparaissent, et la plume devient blanche ou assez blanche pour pouvoir ensuite, après lavage, être teinte par les procédés de teinture connus.

Le progrès apporté également à la fabrication des plumes depuis 1867 s'est beaucoup accru dans les articles de fantaisie. Vers 1855, vu la cherté des plumes d'autruche, ce genre s'est très-répandu jusqu'à aujourd'hui même, où l'Exposition nous en montre de nombreux de spécimens.

Quelques lignes sur la provenance des oiseaux viendront clore cet article.

Parmi les diverses espèces de plumes qui servent à la parure, celle de l'autruche d'Afrique est la première qui, par sa beauté, jouit depuis un temps fort reculé d'un succès sans égal. Parmi le plumage des autres oiseaux, les envois les plus considérables en sont faits de l'Égypte, des États barbaresques et du cap de Bonne-Espérance.

Depuis quelques années, des essais de domesticité ont été tentés dans quelques pays, et les résultats obtenus en Égypte, surtout dans la colonie du Cap, sont relativement importants, bien que la perfection des produits reste beaucoup au-dessous du plumage des oiseaux sauvages.

Les plumes dites de vautour, espèce d'autruche batarde, sont d'une grande ressource pour la fabrication à bon marché. Le vautour habite les pampas de l'Amérique méridionale, principalement du fleuve Parana, jusqu'à la Patagonie inclusivement.

Buenos-Ayres est le point central du commerce qui s'en fait avec les Indiens.

Le duvet dit faux marabout, le duvet du dinde blanc, ainsi que celui du vautour d'Amérique et celui du coq, sont d'une grande ressource pour la fabrication secondaire.

L'oiseau de paradis se trouve seulement dans quelques îles de l'Océanie.

L'aigrette nous vient de la Sibérie, de l'Inde, du Sénégal et de la Guyane.

Le casoar est originaire de Java et de certaines îles de l'Océanie.

Pour les plumes de fantaisie, nos plumassiers utilisent plusieurs autres oiseaux, tant exotiques qu'indigènes, soit en les employant au naturel et en entier comme l'oiseau mouche et les espèces analogues, soit en leur empruntant seulement les parties remarquables par le coloris, par la grâce ou par la bizarrerie du plumage, tels que le paon, le grèbe, l'ibis, le toucan, l'argus, le pélican, le lophophore, le martin pêcheur, le couroucou, le faisan de Chine, le faisan d'Europe, le colibri, le canard sauvage, la pintade, le pigeon, la poule, etc., etc.

SITUATION

Commerciale et Corporative

Si après les progrès énoncés dans la fabrication, il n'y avait pas progrès dans l'intérêt commercial, à quoi servirait le premier, puisqu'il annulerait l'autre ? donc, quand l'un avance, l'autre doit avancer, afin d'aider de ses capitaux les affaires qui se présentent et auquel l'intérêt est des mieux placé, soit comme bénéfice, ou comme fruit que porte son argent dans la main des travailleurs.

En rétrogradant vers le passé, il est facile de voir l'espace parcouru et les avantages qu'il en est résulté.

Dans les documents statistiques des douanes que j'ai compulsé moi-même, j'ai pu prendre les chiffres de notre exportation à l'étranger:

En 1845 nous avions, de fleurs et feuillages. 1,183,004 f.
—   pour les plumes coq et vautour..   33,575
—   Autres plumes parées..........   715,045
En 1848, pour les fleurs et feuillages.....   898,326
—   coq et vautour..................   75,840
—   autres plumes parées..........   499,245

En 1850, pour les fleurs et feuillages.... 1,699.329
    —   coq et vautour.................. 235,104
    —   autres plumes parées........... 672,051
En 1855, pour les fleurs et feuillages.... 2,829,147
    —   coq et vautour.................. 31,158
    —   autres plumes parées........... 1,074,186
En 1860, pour les fleurs et feuillages.... 3,374,489
    —   coq et vautour.................. 496,831
    —   autres plumes parées........... 3,318,423
En 1865, pour les fleurs et feuillages 6,697,781
    —   coq et vautour.................. 57,840
    —   autres plumes parées........... 5,420,200
En 1867, pour les fleurs et feuillages.... 7,635,190
    —   coq et vautour 171,760
    —   autres plumes parées........... 7,465,200
En 1870, pour les fleurs et feuillages.... 9,305,874
    —   coq et vautour.................. 52,240
    —   autres plumes parées........... 9,667,500

En additionnant les fleurs et les plumes, nous avons un total :

En 1845, de 1,931,624 fr.
   1848, de 1,473,411
   1850, de 2,606,484
   1855, de 3,934,491
   1860, de 7,189,743
   1865, de 12,175,821
   1867, de 15,272,150
   1870, de 20,025,614

Comme on le voit d'après ces chiffres, l'exportation progresse ; hors l'année de 1848, ou il y a un deficit de 458,213 fr., sur l'année de 1845.

Dès 1850, nous voyons un avantage de 1,129,073 fr. En 1855, mêmes avantages, 1,332,007 sur 1850.

En 1860, il y a cette fois, 3,255,252 de plus qu'en 1855
En 1865, il y à.......... 4,986,072 de plus qu'en 1860
En 1867, il y a eu en deux années un avantage de 3,096,329 fr. sur 1865
En 1870, il y a 4,753,664 fr. de plus, en l'espace de trois années sur 1867.

Les fleurs et plumes étant comptées ensemble, on peut dédoubler leurs chiffres, et l'on s'apperçoit qu'en 1865, les plumes étaient au-dessous des fleurs.

Dès 1867, nous voyons les plumes gagner sur les fleurs un chiffre de 101,770.

En 1870, les plumes ont un avantage de 413,866 fr. sur les fleurs.

En 1871, les dix premiers mois, donnent pour les fleurs 7,979,814 fr. et pour les plumes, 3,429.760 fr.

En additionnant, les fleurs et les plumes, dans l'espace des dix mois, nous avons un total de 11,409,574 f.

En tenant compte, pour fin d'année des deux mois, pour plus de 3,000,000 ; nous avons un déficit, sur 1870, de près de 6,000,000.

En 1872, les six premiers mois donnent
à la fleur......................... 6,751,604 fr.
Pour les plumes..................... 906,785

Ce qui fait un total de...... 7,658,389 fr.

En 1873, les six premiers mois donnent
à la fleur......................... 9,056,396 fr.
pour les plumes..................... 2,667,193

Ce qui fait un total de...... 11,723,589 fr.

Où il y a déficit en 1871 sur 1870 ; en 1872 sur 1871, nous voyons un avantage ; en 1873, si les autres six mois ont suivi le même chiffre équivalant, nous aurions sur 1870, la meilleure année de notre exportation, un boni de plus de 3,000,000 ; ces chiffres ne sont que ceux de notre exportation à l'étranger. J'aurai pu indiquer les pays, en faisant une table de proportion relative aux taux d'achat, dont ils viennent en France faire l'acquisition ; mais ce tableau n'eut été qu'approximatif, étant que les expéditions à destination pour tel pays, n'est souvent pas le lieu de consommation, même vu certains avantages, offerts aux expéditeurs, par le frêt des navires étrangers, qui sont de beaucoup meilleur marché aux navires français par cela même, les envois destinés à l'Amérique, sont envoyés directement en Angleterre dont on pourrait croire ce pays lieu de consommation, d'après la statistique des douanes ; tandis que ce n'est qu'à Liverpool, ou autre, que l'envoi s'expédie en suscription pour les États-Unis ; de là, on conçoit facilement l'erreur d'attribuer telle expédition à tel pays, cette surenchère des navires français est bénéficiable aux ports étaangers.

Pour résumer notre état commercial il nous faut compter les expéditions en province et la consommation locale que l'on peut évaluer, sans pouvoir bien préciser, à une valeur de 3,000,000 de francs.

Dans la fabrication parisienne de notre industrie la main d'œuvre étant en moitié, il est donc acquis en prenant l'année 1870 pour base, en ajoutant le débit local, une valeur de plus de 11,500,000 francs qui est réparti entre toute nos branches similaires dont le nombre en personnel est évalué à 15,000 ouvriers et ouvrières environ.

Sans grand calcul, on s'aperçoit de l'insuffisance de ces chiffres pour la rémunération de tant de personnes. Pourtant nous n'avons qu'à enregistrer, année sur année, des taux supérieurs, et, outre les années 1871 et 1872, l'exportation a toujours progressé d'une manière avantageuse. D'où vient cette exiguïté de salaire, puisque les affaires sont sans cesse croissantes ? Où est le mal ? Souvent l'intervention d'un remède possible peut, sans recourir à des moyens extrêmes, pallier les maux existants, surtout quand cette question intéresse à un aussi haut point tous les membres d'une industrie.

Ces 11,500,000 francs seraient suffisants *si notre situation corporative était plus éclairée.*

On comprend fort bien que, l'exportation progressant, le nombre de fabricants et d'ouvriers doit également s'étendre plus largement pour répondre aux nécessités des commissions plus abondantes.

Cependant on comprendra aussi que, malgré toutes les commissions possibles, lorsqu'il y a un nombre excédant d'ouvriers aussi fortement avoué, on doit penser qu'il y a un vice dans l'emploi du personnel de notre industrie. Le fait est si avéré, que, lorsque le travail demande des bras d'ouvriers et d'ouvrières, l'on est réduit à répondre machinalement qu'il n'y en a pas. La raison est des plus simples :

En général, notre métier est composé d'éléments bien divers. Un fabricant a-t-il pris une commission infaisable à cause du bon marché, il ne peut prendre des ouvriers et ouvrières sérieux pour sa fabrication. Qu'adviend-t-il ? Il embauche çà et là des personnes étrangères à la corporation, lesquelles, petit à petit, se font la main aux travaux auxquels on les a habituées. Elles quittent une première maison, vont dans une autre, et ainsi de suite : c'est toujours à recommencer.

Le fabricant qui préfère chiffrer emploie, en partie, quantité d'inconnus, hommes et femmes ; mais quand la plupart des industries reprennent leur mouvement, ce fait de personnes étrangères à notre métier est moins fréquent ; ce personnel ambulant, qui encombre nos fabriques, se retire et retourne à l'état qui lui est propre, après avoir porté un grand dommage aux membres qui en font leur profession, par cette raison qu'il cherche à travailler à n'importe quel prix. Le patron s'habitue toujours et sans rancune à employer des ouvriers et ouvrières qu'il paye moins cher, tandis que le salaire d'un ouvrier est souvent discuté.

Outre ce côté déplorable, nous avons aussi les fabricants qui, dans un but d'exploitation, employent dans leur fabrique un grand nombre d'apprentis. Comme la rétribution commence dès le premier jour de l'entrée à l'établi, certains parents, peu réfléchis, les présentent, pensant que leur enfant apprendra un métier, tout en gagnant quelque peu d'argent. Cette voie d'apprentissage est des plus plus nuisibles, car, en grandissant, l'ouvrage qu'ils ont appris est toujours le même, et, arrivés à un âge plus sérieux, ces apprentis, devenus hommes et femmes, cherchent à travailler ailleurs. Faute d'un savoir-faire suffisant, ils sont placés à la merci des ouvriers et ouvrières qui leur apprennent plus ou moins ce qu'ils ignorent dans la confection du travail.

Si dans l'apprentissage il y a des torts de la part des fabricants, il ne faut pas admettre qu'ils soient seuls répréhensibles : les parents font des fautes intentionnelles dont ils abusent quelque peu. Qu'un enfant soit mis en apprentissage pour trois années, sans avantage aucun ; suivant ses aptitudes, on prend intérêt à exercer ses qualités, le stimulant par ce moyen. Après deux années de progrès, les calculs se font jour ; les parents dont l'enfant est félicité par ses patrons réfléchissent à sa haute habileté, puis, enhardis par l'apprenti même, qui trouve son ouvrage supérieur à d'autre mieux fait (amour-propre dont les enfants sont imbus au temps de leur apprentissage), soupçonne de quitter la maison par l'appât du gain que l'on espère toujours obtenir ailleurs. Aucune personne sensée n'admettra qu'il soit possible, dans quel métier que ce soit, de pouvoir former un ouvrier ou une ouvrière, même médiocres, en moins de trois années, surtout à l'égard d'un enfant, tant intelligent qu'il puisse être. C'est donc encore moins en deux années que les résultats seront plus pratiques. La séduction du bénéfice est profitable un jour, puis l'enfant végète de maison en maison, et les parents trouvent singulier qu'il ne puisse se placer et rester stable dans aucune maison. Mais, bons parents! l'incapacité de production des êtres que vous chérissez est due à votre faute. Je sais que beaucoup nous diront nos charges sont au-dessus de nos moyens ; mais n'est-on pas en droit de répondre :

Si votre enfant ne possédait pas cette qualité du travail que vous faites valoir avant son temps, vous consentiriez à le laisser suivre le terme convenu pour faciliter le développement nécessaire à la perfection d'un travail fini, qui aiderait, par cela même, à faire de bons ouvriers et de bonnes ouvrières, capables de se suffire sans déroger aux règles de l'honnêteté, dont trop souvent, hélas ! nous avons le triste tableau sous les yeux.

Le patron, dans le fait sus-indiqué, prend alors un autre moyen pour retrouver toujours son intérêt, et, cette fois, il a presque raison, car en faisant de bons apprentis il y a plus de temps à perdre qu'à gagner, quand on s'aquitte de sa tâche consciencieusement. Aussi, voyant le peu d'impartialité de la part des parents, les patrons admettent les apprentis pour un laps de trois ou quatre années ; seulement, dès les premières années, ne demandez pas aux enfants ce qu'ils auront appris dans la confection du travail, car leurs travaux se bornent à faire les courses, tenir l'atelier propre, aider la cuisinière; enfin, au lieu d'être dès le début en rapport avec la condition qui devrait leur être faite, ces apprentis de deuxième ou troisième année ne savent absolument rien, par la raison que ce n'est que la dernière année d'apprentissage que le patron se décide à leur faire apprendre ce qu'iis devraient déjà savoir. Un autre cas dont on ne saurait trop flétrir l'abus de la part des fabricants, et qui, loin de disparaître, s'accroît chaque jour, est le fait si indigne de ceux qui osent confier à des enfants des charges au-dessus de leurs forces. Ne voyons nous pas à travers les rues de jeunes enfants porter des boîtes de place en nombre de beaucoup supérieur à l'état de leur tempérament, tandis qu'à côté d'eux le placier ou le fabricant se promènent, les mains dans les poches ? Est-ce humain ? Cela a-t-il raison d'être ?

A ce sujet, nous pouvons également indiquer de quelle manière peu courtoise MM. les commissionnaires, ou du moins nous pouvons dire, je pense, MM. les employés, reçoivent les employés de fabrique. Pourrait-on nous dire en quoi les subalternes sont plus dans la société que les représentants de maison? — Espérons qu'en mentionnant le fait MM. les commissionnaires tiendront compte de nos justes observations, en maintenant dans

leurs maisons une bienséance qui doit être naturelle chez des gens bien élevés.

A propos de MM. les commissionnaires, nous ne
pouvons passer sans mot dire sur certains agisse-
ments de quelques-uns d'entre eux. Le commerce,
par bonheur, jouit d'une entière liberté, et cette
plénitude donne droit de vendre ou de ne pas vendre à qui bon vous semble; cependant, nous
voyons naître, par l'excès de spéculations, une
entrave au développement commercial. Le cas
échéant est relatif aux maisons de commission qui
tiennent en leurs mains une partie de la fabrication:

Par un système de vente forcée, qui est aujour-
d'hui trop en usage, ces maisons se sont ingérées,
ayant déjà une influence par leur titre d'intermédiaire, entre l'acheteur et le fabricant, de façon à
ouvrir chez elles un débit de vente dont les fabricants sont obligés de subir l'achat, s'ils veulent
entrer en relations avec l'acheteur qui descend
chez ledit commissionnaire. Ce moyen a pour tout
avantage de favoriser quelques grandes fabriques,
en oppressant le reste de la fabrication qui est la
majorité dans notre industrie.

Si, pour obtenir une entrée chez le commissionnaire, le fabricant est tenu d'acheter cet article
de vente chez lui, que survient-il? C'est que ce
mode de réciprocité commerciale est onéreux pour
le fabricant qui se trouve en possession d'une sur-
charge de matières premières, qui n'entrent dans

sa confection que pour une certaine part, et, comme tous les commissionnaires se mettent sur le pied de tenir une vente principalement pour les étoffes de fleurs et feuillages, les fabricants, s'ils achetaient à tous, auraient quatre fois plus de matière à confection que l'acheteur n'aurait à prendre de marchandises produites; si bien, qu'il n'est pas rare, lorsque le fabricant va pour toucher le montant de sa facture, de voir ce fabricant se trouver, en balançant les comptes de part et d'autre, redevoir au marchand commissionnaire.

En cet état de choses, comment s'y prendra le fabricant pour payer son personnel? Il ne peut pourtant pas offrir à ses ouvriers et à ses créanciers, en guise de paiement, les pièces d'étoffes qu'il lui a fallu acheter pour arriver à prendre une commission. Encore doit-il s'estimer heureux d'avoir pris une commande, car ceux même qui achètent chez les commissionnaires n'ont pas toujours cet avantage. Il reste donc cette douce alternative : échanger ses produits l'un pour l'autre sans même avoir de quoi régler son propriétaire, car il faut écouler cette marchandise; il faut payer la main d'œuvre, si maigre qu'elle soit, ou alors travailler à perte; faire des soldes de commande : sans cela, petit fabricant, tu tomberas, et, avec ta maison, ton personnel.

Ajoutons que nous voudrions voir s'établir une concordance plus raisonnable à l'égard de nos placiers, et des difficultés que leur offre aujour-

d'hui certaines faveurs prodiguées aux uns et re-
fusées aux autres : je veux parler de passe-droits
auquel on ne saurait contester l'exercice aux chefs
de maisons, mais dont il serait également juste
d'en voir réduire l'effet. Combien voyons-nous de
petits fabricants qui ne peuvent aller chez le commissionnaire faute d'une lettre ou d'un numéro, et
ceux des placiers qui font antichambre depuis des
cinq heures du matin et ne peuvent être reçus ; et
quand dans l'espoir de passer ils attendent, et devant cette attente prolongée ils voient passer com-
plaisamment des personnes auxquelles les bonnes
grâces ne sont accordées qu'à l'image de leur sexe,
on ne saurait trop entourer de protection les
dames ; seulement ces prévenances sont trop pré-
judiciables pour subsister plus longtemps.

C'est une entrave au developpement commercial,
par la raison que beaucoup sont éloignés de ne
pouvoir montrer leur production directement à
l'acheteur, et qu'en cela, ceux-là même ont peut-
être des articles qui ne sont pas connus, et dont la
vente serait précieuse. Et remarquez que se sont
en partie les petits fabricants et les maisons
moyennes qui, pour arriver, sont constamment
obligés de créer, d'embellir la production en l'a-
vantageant d'heureuses conceptions pour séduire
le consommateur. C'est une entrave au débutant
qui se trouve pris dans cet étau de l'intermédiaire
qui lui offre dès sa première commission deux
fois la valeur en marchandise de ce qu'il a vendu,

et dont on veut lui faire l'échange en étant encore redevable. C'est cette impossibilité d'avoir des capitaux par son travail qu'il ne peut soutenir sa fabrication et qui le fait basculer et l'empêche de se maintenir.

Les faits défectueux dans notre industrie sont trop abondants pour pouvoir les mentionner tous.

Rappelons cependant la concurrence effrénée que se font entre eux les fabricants pour obtenir par le bon marché un chiffre plus élevé de commission. Ce système est d'autant plus détestable que la concurrence étrangère cherche par tous les bouts à arriver à produire, et que nous lui facilitons ces moyens en leur fournissant nos types à des prix ridicules de bon marché. Dans le cours de ce rapport, ne voyons-nous pas des articles de Paris vendus fort cher, tandis que la copie fabriquée est d'un prix beaucoup plus modique ?

Cette différence est ainsi comprise en Allemagne. En élevant le prix de nos modèles, après l'avoir eu à bon compte, ils prélèvent une première fois un boni, ces mêmes modèles sont vendus meilleur marché pour en démontrer l'avantage auprès du consommateur en comparaison sur les notres, qu'ils élèveraient tant et plus, pour faire préférer les leurs; de là, nos types sont copiés réglementairement, puisqu'il m'ont avoués, eux-mêmes, que l'intuition leur manquait. Où arriveraient-ils, si les fabricants refusaient non plus de livrer leurs marchandises, car, par un moyen ou autre,

la concurrence arrive toujours à livrer, ce qu'elle
croyait censément ne jamais faire ; mais si les
fabricants résistaient à ces taux d'escomptes
exhorbitant? à la taxe de plus en plus forcée des
échantillons? qui, on le sait fort bien, n'est pas
des plus avantageux, car il devient ordinaire
d'échantillonner par plusieurs bottes et douzaines
de fleurs, et par répétition en grosses de feuilles,
avec un supplément de douzaines et tous d'un
même modèle, ce qui donne en factures, pour peu
que l'on choisisse différents types, chose qui a
toujours lieu, le total des échantillons s'élève à la
somme de deux et trois cents francs, avec escompte
de 50 0/0, le taux de 25 0/0 est à peine maintenu,
même dans la plume et les articles de soie. L'article est référencé, voyons ce qu'il va produire :
on commence à attendre des retours ; pas de chan-
ce ! les modèles n'ont pas pris ; on espère encore,
et enfin rien ne répond au désir que l'on pensait.
Bref, on court à d'autres affaires ; on vend quelque peu, mais sur les échantillons, rien, toujours
rien. Voici l'avantage du renouvellement de saison : ces deux ou trois cents francs se reproduisent
dans d'autres maisons, et là encore, pas plus heureux ; défection générale. Ainsi, fabricants, vous
avez travaillé un mois aux références, pensant
avoir compensation dans la bonne saison ; si bien
que 50 0/0 que vous faites, en estimant qu'en
moyenne, votre boni soit de 30 0/0, intérêt que vous
perdez, et plus 20 0/0 qui font les 50 0/0 et, ce

dernier n'est plus un gain à votre avoir de bénéfice c'est une perte en marchandise, qui, si elle était fructifiée par des commandes, vous rapporterait vos 30 0/0, c'est donc en réalité 80 0/0 et non 50 0/0 que l'on vous demande.

L'usage des échantillons est valable dans une certaine part, mais son emploi abusif tourne à l'usure ; n'est-on pas affecté quand, après avoir donné une valeur d'échantillon, vous n'en obtenez aucun retour. Que fait pourtant le marchand ? il a du les placer et en vendre ; on ne fait pas des cartes de voyageur avec des fleurs en douzaines, ni des feuilles en grosses ; la référence des échantillons devrait être regardé comme nuisible, c'est un abaissement commercial ; c'est donc avec circonspection que l'on devrait placer ces modèles ; mais, comme toujours, la concurrençe est sans frein ; les fabricants, au lieu de s'abstenir, répandent à profusion leurs articles à des taux d'escompte excessif, et souvent c'est justice rendue, ce qu'ils ont échantillonné, ils ne peuvent le concéder au prix marqué sans subir un échec dans le prix convenu.

Le marchand n'est pas regardant, si vous perdez tout, au contraire, pour ne pas vous en faire apercevoir ; il discutera avec vous un prix de revient pour vous montrer que votre boni est excellent. En prenant quantité d'échantillons, on peut se faire un calcul de l'avantage que le marchand doit se faire, bénéfice réel, puisque souvent il lui

devient impossible d'acheter des articles en saison
courante, tellement il en possède par la voie que
lui procure l'échantillonnage ; à cette suite d'abus
nous pourrions parler de cet escompte frauduleux
des centimes, qui arrive presque jusqu'au franc,
qui est exercé et suivi, sans scrupule, par des
maisons qui s'intitulent notables ; nous savons très-
bien que l'un entraîne l'autre, soit en bien, soit en
mal ; mais pourquoi ne pas suivre cet entraînement
en sens contraire, ce serait tout aussi honorable,
car la multiplicité de ces centimes offre aux marchands l'avantage de se trouver en possession d'un
certain bénéfice, sans avoir travaillé ni produit et
avant même d'avoir vendu ce qu'ils ont acheté ; et,
comme toujours, c'est la petite fabrique qui s'en
ressent, en ne pouvant faire ce que peut le gros
fabricant ; celui-ci, au moyen de ses capitaux, se
donne la latitude d'attendre qu'une somme ronde
fût en facture pour la présenter et attendre encore
que le montant soit sans fractions de centimes ;
par cette voie, il bénéficie de 2 ou 3 p. 0/0 que perd
la petite fabrication qui ne peut attendre, et dont
le renouvellement de plusieurs factures lui retire
un boni sur son avoir, tandis que le gros commer-
çant ne présentant son relevé qu'aux semestres, a
donc cet avantage sur le petit qui est obligé d'en
soumettre dix contre un ; il perd donc dix fois plus
que le gros qui peut supporter ces inégalités sans
en subir les conséquences.

Si, comme je le disais, les fabricants résistaient

dans la force de leurs moyens à ces iniquités commerciales; ce premier fait réduirait déjà un avantage dont profite, sans raison, la concurrence marchande et étrangère.

En voyant tout cela, on se demande quand cette lutte finira chez le fabricant ; sa baisse de prix pour soutenir telle concurence à tel autre, l'oblige naturellement à une réduction sur les salaires ; non content d'ouvrir une concurrence sur les marchandises, on en crée une nouvelle, prélevée sur l'infortune de l'ouvrier, et quand l'ouvrier, par une bonne saison gagne quelque peu plus qu'à l'ordinaire afin de retourner une légère part de ce qu'il a perdu en mauvaise saison, la majorité des patrons cherche à limiter son gain, trouvant qu'il est au dessus de ses besoins, et, comme, à leur point de vue, l'ouvrier ne doit gagner que juste ce qui lui faut pour satisfaire à ses dépenses, il le restreint, en diminuant soit le prix de son travail, soit en ne lui en laissant qu'une partie, quand il pourrait en produire deux ; en cela, les patrons, qui croyent limiter les salaires aux besoins, devraient prendre modèle de ce qu'ils font; s'il ne leur était donné que juste ce qu'il leur faut pour subvenir aux frais de toutes sortes, nous verrions une plus juste répartition au travail ; car, en dehors de ces frais, l'excédant serait futile, puisque lui le trouve à l'égard de l'ouvrier. Alors ce supplément de bénéfice se trouverait reversible sur le producteur ; mais ce qu'ils font, ils ne voudraient

pas se le voir appliquer répondant qu'à eux, cela
est permis, mais qu'aux ouvriers, le charme d'un
d'un travail produit et dont ils recevraient une
large rémunération, leurs donneraient des idées
de grandeur et d'établissement et c'est ce dont ils
ne veulent pas ; ah ! si ceux d'entre eux qui tiennent ce raisonnement essayaient de se souvenir,
ils verraient leur passé, ils verraient combien il
faut d'abnégation de travail, de patience, de luttes,
pour arriver à une situation meilleure ; ils verraient que la suffisance seule n'est pas assez, et
qu'il faut plus encore que la rémunération d'une
journée pour subsister un jour. Cette marche ré-
trograde force l'ouvrier à rester ce qu'il est, puisque ses dépenses excèdent toujours ce qu'il gagne.

Quand voudra-t-on comprendre que les bons
ouvriers font les produits et que plus leurs part
aux bénéfices est rétribuée, plus ils ont intérêt à
bien faire, à innover, à chercher des progrès et à
amener chez le patron un sort plus favorable aux
bonnes affaires, qui favorisera et la part du patron
et celle de l'ouvrier et en feront des amis et non
des êtres subversifs ; la basse concurrence que nous
dénigrons aujourd'hui sera profitable à tous, le
jour où elle se bornera à lutter avec le goût, la
forme et la couleur.

Ces trois parties essentielles de notre industrie,
que n'est-on arrivé à ce jour que je souhaite ar-
demment !

Pour arriver à la rénovation *commerciale, industrielle* et *corporative*, il est nécessaire de dresser, sous forme de vœux et besoins de notre industrie, une nouvelle marche à suivre pou réviter les errements du passé.

VŒUX ET BESOINS

En parlant de notre industrie, on s'est toujours plu à dire que nous n'étions pas mûrs pour nous entendre ; il y a peut être un peu de vrai dans ce dit-on, qui blesse les hommes sérieux, plusieurs expériences en attestent le fait, chaque fois renouvelé par des idées systématiques aux partis extrêmes, qui, mettant toujours en évidence un principe reconnu humanitaire, mais tellement défiguré qu'ils semblent vouloir s'en servir à faire de l'autocratie et non de la démocratie, lorsqu'on ne partage pas les mêmes sentiments d'entrevoir les destinées du bien-être et de l'amélioration sociale.

L'organisation du travail doit être chose profondément vénéré, car elle aide à l'accord en même temps qu'elle aide le travailleur à poursuivre le cours de sa carrière, dans les chemins tortueux que lui suscitent les obstacles jaloux de son avancement roujours retardé, quoique sacrifiant une

existence entière de travail, on arrive à peine à
avoir une place au commun des mortels.

Ce défaut d'entente est causé par le peu d'harmonie qui règne entre les hommes les uns avec
les autres.

Dans notre industrie, aucune cohésion sérieuse
n'existe, aucun ressort ne nous démontre un point
dans l'avenir ; doit-on constamment rester dans
ses limites ? je ne le crois pas ; en conséquence, je
crois pouvoir conseiller, dans la force de mes
moyens, les solutions suivantes :

Je demanderai la création de chambres syndicales ouvrière dans chacune de nos parties, étant
que chacune de ces branches est entièrement indépendante l'une de l'autre et qu'un intérêt demandé
par l'une des branches ne peut réellement être discuté et résolu que par elle, connaissant plutôt ses intérêts et qu'il est plus facile à se guider soi-même
étant un, qu'un corps de trois parties étant en général méconnu l'une par l'autre.

Je demanderai également la création de chambres syndicales pour les fabricants, et cette chambre
est doublement utile ; sans elle, les avis que pourraient formuler les chambres syndicales ouvrières
seraient nuls, car pour qu'une chambre syndicale
ouvrière soit sérieusement prise en considération,
elle doit s'appuyer sur ceux à qui elle doit faire
part des intérêts qu'elle croit nécessaire au bien-
être de ses membres.

Pour la chambre syndicale des marchands ; il

est constant que le fabricant adhérent à cette
chambre doit se trouver quelque peu gêné ; comment peut-il, en effet, sans se porter préjudice à
lui-même, discuter librement ses intérêts ? où son
avantage est placé, il se trouve en encontre avec
celui du marchand ; s'il élève une question vive
dans l'intérêt des fabriques, le marchand se trouve
en diffusion avec lui, et, en général, comme le fabricant tient au marchand pour le placement de
ses articles et qu'en se trouvant en zizanie
avec lui, il risquerait de perdre, non pas la clientèle d'un seul, mais de presque tous ; il lui est
donc, par ce fait, imposé un genre de silence qu'il
ne doit rompre, sous peine de voir baisser ses affaires commerciales.

Toutes ces chambres, indépendantes les unes des
autres, doivent avoir une union commune entre
elles, pour l'intérêt général des trois corporations,
si elles étaient menacées ; elles peuvent également
se seconder les unes les autres et se rendre mutuellement service

La nécessité des chambres syndicales ouvrières
comporte sur ces principaux points.

Entente à établir entre patrons et ouvriers de
même profession.

Il est bien entendu, pour que cette entente fut
possible, qu'il faut que les chambres, soit ouvrières
on patronales, se soient reconnues mutuellement,
et n'entrent en relation qu'autant que l'accord général est établi, car passant outre, il serait autori-

taire qu'une collectivité, de quelque part qu'elle
se produise, pèsa sur l'individu, sans que celui-ci
ait adhéré volontairement à la société; il est
entendu aussi qu'en dehors de l'union formé
par les parties contractantes, aucun avantage, ni
verdict prononcé ne peut être accepté et n'est ac-
ceptable pour qui que ce soit.

Les chambres de travail ne sont, quant à présent,
qu'un lien d'amiabilité et de conciliation librement
contracté par des parties diverses, représentées
en groupes d'une même industrie.

L'autorité des chambres syndicales ne repose
que sur une collectivité d'individus, dont les con-
ventions et statuts sont reconnus par eux seuls.

Leurs droits et leurs pouvoirs, ainsi que la base
fondamentale qui régit ces groupes sont acceptés
et sont révisables par ceux qui adhèrent.

Les délibérés et fonctions sont acquis par voie
de suffrage ; les verdicts n'étant qu'amiables, les
arrêts qui en découlent ne sont passibles que pour
ceux qui acceptent ce jugement, fondé par la
confiance, l'honneur et la probité, auquel aucun
de ses membres ne doit forfaire, sous peine de ré-
probation et de radiation du groupe auquel il appartient.

Les chambres syndicales n'étant pas reconnues
légalement par l'état, la responsabilité en incombe
à ses membres, lesquels se font une loi, un droit
et un devoir de ne pas enfreindre leur code ou
statuts, desquels dérivent leur attachement à la

société par un acte d'adhésion, n'ayant d'autre garantie que l'honnêteté individuelle de chacun de ses membres.

Après ces régles générales admises, une chambre n'acquiert sa valeur prépondérante que sur la valeur même de ses membres et n'offre d'intérêt qu'autant qu'on lui en apporte.

Cette nécesité d'association pour des buts divers a toujours été dans la nature des êtres, et conséquemment les hommes, êtres supérieurs, en ont recueilli les bienfaits et leurs conséquences ; qui pourrait nier qu'après avoir recherché un lien qui est naturel à tous, suivant son affinité, on délaisserait un principe qui a vie sur le monde et qui agit partout où il y a conception humaine.

Le travail, représenté par des individus dont les aspirations sont multiples, a aussi besoin de son affinité, qui est l'homme travailleur, afin d'en obtenir un progrès qui favorisera un sort meilleur pour lui et les siens, et c'est ici en général que tendent toutes sociétés et remarquez bien qu'en toute chose, il n'y a que l'intétêt qui fait agir et agit et là même est la solidarité, car tous les intérêts, à quelque degré qu'ils fussent placés sont solidaires les uns aux autres.

Avant d'entrer dans les réformes de l'association qui est sans cesse perfectible, un but vers lequel chacun doit, pour sa part, chercher à atténuer les effets rétrogrades et l'antagonisme subsistant que l'on entretient entre ces deux parallèles, *Travail* et *Capital*, et, trop, souvent, faute de se comprendre et de se raisonner ; si l'on comprend bien que le travail et le capital sont indissolubles et qu'ils sont indispensables l'un à l'autre pour la production, on comprendra que la négation d'une de ces valeurs est la négation même de ces deux auxiliaires.

Le travail sans capital est aussi impropre que le capital sans travail ; ces deux liens indivisibles sont d'une connexité si forte, si puissante, qu'ils ébranlent la société, sitôt qu'une crise surrexcite une de ces deux part, qui sont liés par elles mêmes, sous préjudice d'amener la ruine sociale. Et une des raisons afférentes à l'un deux, c'est leur possession en des mains dédoublées, qui permet d'en augmenter ou d'en abaisser la valeur, mais trop souvent on ne sonde pas le fond des choses on est superficiel et rien de plus.

L'ouvrier s'il ne possède pas ce capital il n'est pas moins détenteur du sien, c'est-à dire du travail de son outil, de sa main-d'œuvre, qui est de fait son capital productif, qui s'assimilera par son échange avec le capital-argent, duquel il aura suivant qu'il saura le concéder à tel taux, ce qu'il devra posséder à son tour ; libre à lui d'augmenter ou de diminuer sa valeur ; les capacités dans la production ont une plus value que l'ouvrier doit acquérir, et s'il laisse dégénérer le prix de son salaire, n'y à t-il-pas parfois de sa faute ? si des utopistes se font agrégés par une partie de la classe ouvrière sur l'égalité des salaires, qui à leurs vues, doit s'étendre un jour ; ne peut-on pas répondre à cette inanité, qui est le fait de chaque jour, c'est que cette égalité ne sera possible que le jour ou il y aura égalité de savoir faire et de courage, preuve évidente ; dont le travail, dit aux pièces, peut prouver plus que des théories : voici le même ouvrage, deux ouvriers l'exécutent, l'un le termine une heure plus avant, donc celui-ci à la plus grosse part de gain ; l'autre ouvrier, par ce fait, peut prendre de l'émulation et le surpasser à son tour, et gagner plus encore ; mais, si tout au contraire, vous acceptez sans mot dire, ce dont un patron aura fantaisie de vous donner, celui-ci vous offrira le moins possible, si vous ne faites pas estimer votre travail à son prix réel.

Est-ce que le fabricant ne compte pas son bénéfice, suivant son prix de revient ? et est-ce que l'ouvrier ne peut pas compter le prix de son salaire suivant le taux proportionnel de sa consommation ? et de son débit de production ? s'il est donné des avantages aux capacités, il faut aussi que l'ouvrier médiocre soit suffisamment rémunérer pour faire face à ses obligations journalières.

En tout cela, l'ouvrier par son travail et le patron par son capital, sont libre de tout engagement à l'un ou à l'autre de s'harmoniser entre-eux pour la production.

Si l'ouvrier isolé ne peut obtenir par sa propre initiative, ce dont il lui faudrait, il à recours à la chambre syndicale, qui s'occupe de l'intérêt de tous ses membres, qui maintient les taux du salaire à sa juste rémunération, et par cela même, ce que seul il n'a pu obtenir et faire, l'association syndicale par sa collectivité auront plus de chancé d'y réussir. En fin de cause, il y a intérêt pour le patron et l'ouvrier à se connaître, et à savoir ce que fait et ce que peut la corporation ; le patron y trouvera un avantage, en sachant qui il prend, pour la confection de ses travaux, l'ouvrier prendra une plus grande confiance en lui-même et aspirera à des jours meilleurs sous la protection de sa société.

Les chambres syndicales de nos trois parties devront porter leurs travaux sur ces hautes questions. A savoir : celle de l'apprentissage des deux sexes, auquel chaque chambre devra apporter son contrôle et sa responsabilité et pourvoir à ce qu'il soit donné aux apprentis une instruction, tout au moins relative et élémentaire ; les contrats étant sauvegardé par l'autorité des chambres, les enfants seront moins livré à eux mêmes et les abus réprimés.

Les différents entre ouvriers et patrons, soumis à un conseil mixte, composé des deux éléments.

De la création entre la chambre patronale et ouvrière d'un genre de régistre où les deux parties indiquerai la demande et l'offre d'ouvriers nécessaires ou sans emplois ; il va de soi, que c'est à tour s'inscription de rôle que l'avantage est du.

De la création d'un tarif qui amènerait, en conséquence, à n'employer les ouvriers et ouvrières qu'à façon, de sorte qu'une liberté plus étendue serait acquise de part et d'autres ; les bons ouvriers et bonnes ouvrières, se trouveraient à l'abri des manœuvres qui travaillent au préjudice des intérêts de tous ; pour l'exécution de ce tarif, beaucoup objecterons que notre travail ne peut se mesurer ni se compter au poids, il y a trop de détails ! remarques futiles, le fabricant sait pour combien la main d'œuvre entre dans la confection d'un article, puisqu'il le vend en raison de ce qu'il lui coute.

Ces tarifs sont établis et révisable par un conseil mixte des intéressés.

Je soumet également l'ouverture de cours professionnels, d'étude de botanique pour fleuriste et feuillagistes et d'étude de chimie appliquée à l'art des teintures qui rentre en usage dans nos trois branches distinctes ; ces cours ne pourraient porter que sur l'ensemble des matières à employer, sans en définir l'emploi absolu pour telle ou telle production, aucune théorie fixe ne pouvant s'imposer.

Les chambres patronales et ouvriéres devront recevoir en dépot sous leur garantie, les types de de modèles, afin de les assurer contre ceux qui s'égarent trop facilement à copier leurs confrères.

Chaque chambre devra avoir connaissance de tous les brevéts relatif à sa partie, une table chro-

nologique en indiquera l'obtention par les possesseurs, la nomenclature détaillante en sera appré-
ciée ; les brevets tombés dans le domaine public,
seront étudiés afin de suivre les progrès marquant
qui dérivent de ceux nouvellement pris.

La chambre doit aussi encourager les membres de
son industrie à rechercher les innovations et inven-
tions et tout ce qui pourrait être la conséquence d'un
progrès dans la fabrication, elle peut annuellement
ouvrir dans son sein, une exposition afin de constater les effets progressifs qui auraient une portée
favorable à l'extansion de la fabrication ; des prix
pourront être décerné à l'innovateur en reconnaissance de son mérite ; dans les recherches néces-
sitant des dépenses, la chambre devra s'en infor-
mer et aider ne son pouvoir et de ses capitaux
l'inventeur, pour en rendre plus possible l'éxé-
cution.

Je formulerai l'établissement d'ateliers coopératifs dans chacune de nos trois parties.

En ce qui concerne l'atelier coopératif, le capital
à fournir n'étant pas d'une valeur considérable,
on peut et on doit créer la formation de ces sociétés, n'ayant que cette perspective, ne s'appuyant
que sur elle-même ; car, si l'on réfléchit bien, il
est impossible que l'atelier de production afférent
à la chambre syndicale puisse, en cas de chômage,
employer une grande partie de ces membres. Le cas
que je préviens découle de ce fait, à l'exception du
feuillagiste. Une maison de fleurs et de plumes

peut produire un chiffre d'affaires de 50,000 à 60,000 francs ; avec un seul ouvrier, soit trempeur ou teinturier, sera-t-il possible à la chambre des fleurs ou des plumes d'assurer du travail à plus d'un ou deux ouvriers ? en supposant que ce chiffre soit atteint.

Le travail des fleurs et des plumes ne pouvant être confectionné d'un seule main, il en résulte un empêchement peu facile à éviter.

Pour le feuillagiste, sa part de travail étant plus abondante, il lui sera plus aisé d'établir un de ces ateliers adhérent à sa chambre syndicale, et encore lui faudra-t-il l'adjonction des ouvrières, qui parallèlement devront être groupées en chambre syndicale ; car la possibilité d'une gestion mixte ne me paraît pas devoir être normale là où les mœurs seraient équivoques et où les ouvrières adhérentes seraient asservies par les rôles administratifs auxquels elles n'ont pas droit.

D'un autre côté, une chambre syndicale d'ouvriéres a peu de réussite ; la femme n'est pas suffisamment indépendante pour ne dépendre que d'elle-même. Jusqu'au jour de son mariage elle est placée sous la tutelle de ses parents, qui, bien certainement, lui feront faire autre chose que d'améliorer collectivement sa situation économique, en attendant le jour où elle sera en puissance de mari et où celui-ci préféra avoir sa femme au dedans, pensant, bien à raison, qu'il lui sera plus tuile et plus économique qu'elle reste à entretenir l'intérieur et à soigner ses enfants qu'à discourir au dehors sur l'avenir, quand le présent en souffre. Cette question délicate est pleine de sympathie, mais, à tous les égards, il est difficile d'y adhérer.

Vu la théorie sans l'expérience de l'atelier coopératif de nos trois parties, je crois que ces sociétés, ne s'appuyant que sur elles-mêmes, seraient beaucoup plus fortes, et que leurs résultats seraient plus pratiques.

En vérité, peu de fonds sont nécessaires pour ces établissements de production directe par le producteur même. Il serait à craindre que l'agglomération coopérative syndicale ne vînt à faire oppression sur l'individualité en s'édifiant à l'état de monopole, ce qui doit être repoussé de quelque part que cela vienne.

Que le monopole appartienne à un individu ou à une collectivité, c'est une entrave à l'initiative privée ; il faut donc créer autant d'ateliers coopératifs et de chambres syndicales qu'il y a de branches dans l'industrie ; entre elles, ce serait une émulation sans doute favorable pour satisfaire les différentes divisions d'idées.

Un moyen que je conseille, et qui est à prendre en considération : ce serait d'ouvrir un comptoir de vente où chacun, puisque notre industrie nous le permet, apporterait la part de production qu'il aurait confectionnée chez lui. Moyennant un escompe déterminé, la maison de vente livrerait à la commission et à la place les articles de production qu'elle aurait placés, et chacun alors écoulerait, sans frais d'installation, le produit de son travail. Ce comptoir de vente serait souscrit par actions collectives, représenté en matériel. Le personnel employé serait rémunéré par la valeur du taux de l'escompte résultant des ventes commises; et plus les articles déposés seraient de bon goût, plus il y aurait prospérité pour le travailleur, qui ne dépendrait plus que de lui-même.

Après les sociétés de production, qui en fait ne sont accessibles que pour celui qui peut produire et qui n'offrent aucun remède à la perversité humaine, il nous reste en perspective la création d'une caisse de secours pour amoindrir la situation pénible qui est faite au travailleur lorsqu'il est sans soutien. La caisse de prévoyance est, certes, d'un double emploi par les sociétés ci-dessus, mais l'ouvrier ne pourra verser deux fois une cotisation. Il sera donc en demeure de se prononcer pour la société qui répondra le plus à son tempérament, car elles ont toutes en but l'amélioration et le bien-être, contre les prévisions inattendues. La bibliothèque concernant les arts chimiques, industriels et les questions relatives au travail devront faire partie de l'organisation des sociétés syndicales et de secours mutuels.

La création d'un organe corporatif défendant

les intérêts de l'industrie doit aussi élever le niveau intellectuel, et ouvrir le champ aux discussions, afin de les éclairer au grand jour.

Pour pouvoir engager tous les hommes de cœur dans cette voie de moralisation et d'instruction, il faut arriver à des concessions réciproquement partagées, et, qu'on me le permette, notre industrie aujourd'hui nomade aura fait un grand pas pour son bien. Elle doit se dégager des éléments inconnus qui s'y infiltrent; j'oserais même proposer un noviciat à chacun des membres qui seront adhérents aux syndicats.

En émettant la séparation de nos branches pour l'organisation du travail, j'ai pensé aux heureux résultats qu'a produit la division du travail par les fabricants ; si donc les fabriques sont en force dans leur spécialité les ouvriers doivent l'être également.

Avec de l'instruction et des capacités, nous aurons notre suprématie personnelle, qui nous fera juger et penser par nous-même ; car l'ignorance et l'obscurantisme amènent fatalement une cause profonde de désunion, quand tous devraient s'aimer et s'entr'aider dans une commune harmonie, qui sera l'élévation de chacun et la richesse nationale, plus abondante et plus pénétrée d'elle-même.

Messieurs, j'ai terminé mon rapport. Je crois avoir fait, dans la mesure du possible, tout ce qu'il m'était donné [de faire; que d'autres, par le concours de leurs lumières, prennent courage et poursuivent la route commencée.

Paris, le 13 Décembre 1873.

[Le Délégué de l'Industrie des fleurs, feuillages et plumes de Paris à l'Exposition Universelle de Vienne.

E. Louis BŒUF.

Trempeur-Fleuriste.

AUX MEMBRES DE L'INDUSTRIE

DES FLEURS, FEUILAGES ET PLUMES

DE PARIS

Paris, 2 Juillet 1874.

Messieurs,

La tâche ardue de la Délégation de notre industrie est arrivée à son terme. Il serait ingrat d'oublier ceux des membres qui ont pris part aux souscriptions, qui, quelque minime qu'elle fût, n'en est pas moins digne d'intérêt et de remerciements.

Cette Délégation, faite en dehors de toute connivence étrangère à notre profession, et issue de sa propre initiative, n'a cependant pas réuni l'adhésion générale.

D'un côté, secouée par les diversions qui naissent, de prime à bord, au sein de tout corps assemblé et non constitué, il en est résulté de fâcheux dissidents, qui ont pesé lourdement sur l'œuvre à accomplir. L'esprit de parti, qui n'avait que faire dans un but industriel, a cherché à vouloir s'immiscer dans une question de travail ; tels n'étaient ni sa place ni son devoir, réprouvés par un vote. L'assemblée s'est rendue maîtresse d'elle-même, et, inspiré de ses décisions, je me suis pénétré des intérêts qu'elles comportent. J'ai dévolu, autant que cela m'a été possible, une part d'intérêt à chacune de nos branches, dont le travail fut un rude labeur pour un seul délégué : à prendre en main la cause de toute une industrie dont les fractions similaires ont une tendance si opposée à leur harmonie.

Cette Délégation, repoussée par d'honorables membres influents de notre industrie, lesquels ont rejeté l'efficacité d'envoi de délégués à l'Exposition de Vienne, émettant à ce sujet une confiance douteuse à l'égard des ouvriers qui seraient appelés par la corporation à l'honneur de la représenter. Ont-ils eu tort ou raison ? A eux aujourd'hui d'apprécier et de juger si vraiement leur opinion était fondée.

J'ai délaissé les présomptions de toute sorte pour ne m'occuper que de la question des intérêts en général, et si, pour ma part, un lien, une concorde, peuvent s'établir, j'en aurai du moins cherché le trait d'union et la possibilité. Certes, il faudra encore bien du courage ; mais quand l'avenir est proche on ne saurait en manquer.

Il y a des gens sceptiques qui feignent de ne croire en rien, qui s'imaginent que l'absorption de leur être est un tout si bien conçu qu'ils n'ont garde de se montrer, crainte de multiplier leurs facultés. Cet égoïsme mal placé ferait plutôt supposer une grande part d'ineptie qu'un excédant de connaissance des hommes et des choses, ce qui les laisse et les rend indifférents au mouvement de tout progrès, en condamnant ce dont ils ignorent le premier mot. Pour répondre à ces incrédulités imaginaires, la persuasion seule peut les convaincre et c'est ce que nous nous sommes efforcés de faire.

Qu'ils comprennent et rentrent dans le droit commun ; qu'ils sachent qu'à tout être il appartient de penser, d'agir, de parler librement, sans aucune restriction au fond de sa conscience : c'est alors seulement qu'il aura droit à son assise sociale au milieu des tergiversations humaines.

Louis BŒUF.

délégué.

TABLE DES MATIÈRES

I La Délégation 2

II État rétrospectif des Fleurs, Feuillages et
Plumes. Historique. 9

III Exposition collective des fabricants et marchands de Paris 19

IV Expositions particulières, France 40

V Exposition allemande, Autriche 52

VI Allemagne du Nord et divers pays 66

VII Fabrication allemande 81

VIII État comparatif des produits français et
allemands et des divers pays 99

IX Considérations sur les articles précédents 109

X Interprétation des récompenses 117

XI Progrès de la fabrication à Paris 121

XII Situation corporative 141

XIII Vœux et besoins 159

XIV Aux membres de l'Industrie 173

Paris, assoc. gen. typ. faub. St-Denis, 19, Rodière et Cie.

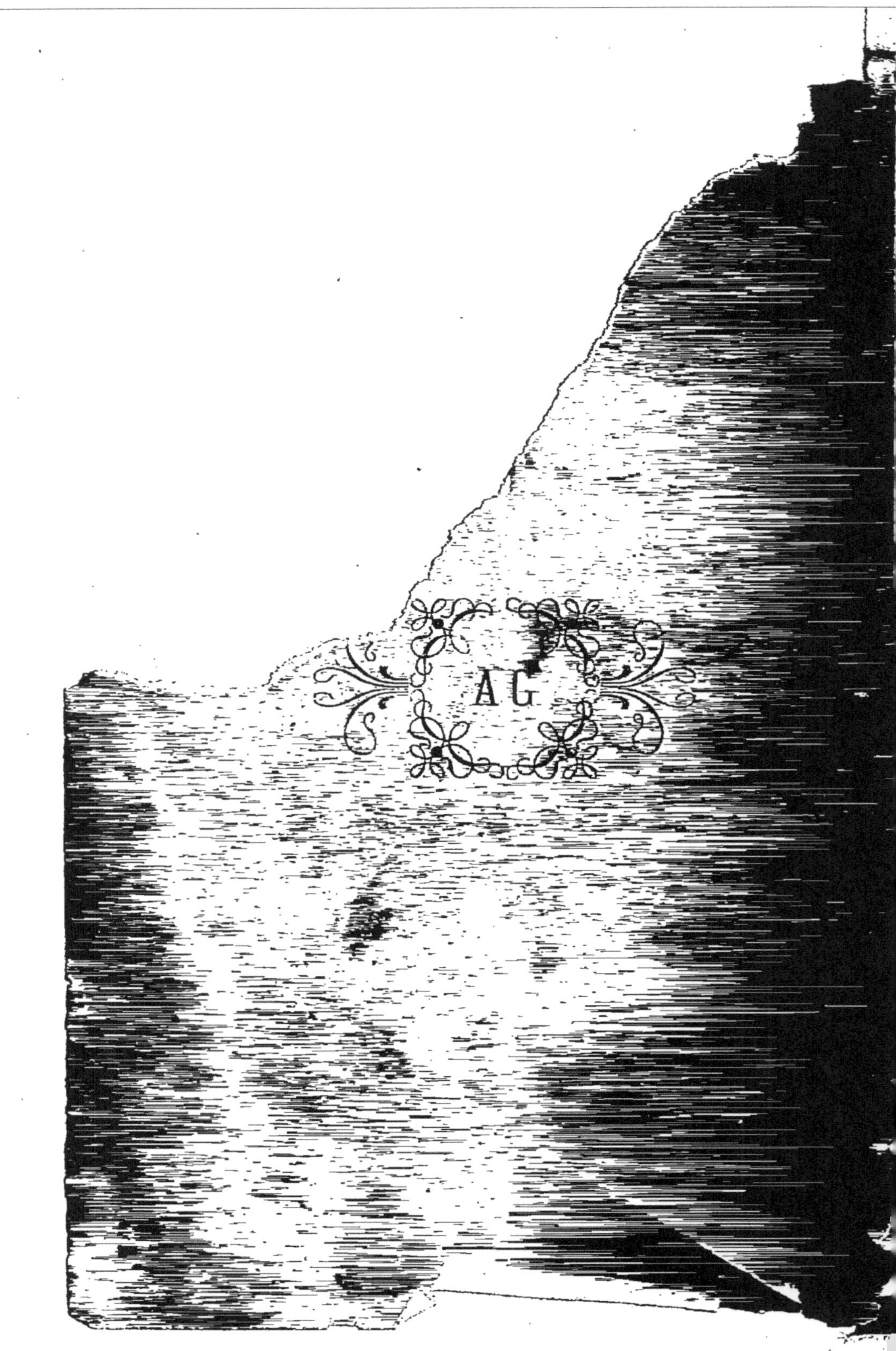

www.ingramcontent.com/pod-product-compliance
Lightning Source LLC
Chambersburg PA
CBHW061240060726
47596CB00002B/359